Le
Lézard ocellé

Un géant sur le continent européen

Florian Doré
Marc Cheylan
Pierre Grillet

Joseph Celse

Sommaire

Préface de François Dusoulier

Se déplacer lentement, se faire le plus léger possible, une paire de jumelles autour du cou. Regarder attentivement à ses pieds tout en portant le regard loin devant. Tenter de décrypter la robe de l'animal fondu parmi les herbes sèches, voici comment s'effectue – patiemment et ardemment – la recherche du lézard ocellé. À l'inverse d'autres lézards méditerranéens, le rencontrer requiert une investigation consciencieuse et méthodique. Le lézard ocellé nous enseigne ainsi l'humilité, tant il est parfois délicat de l'observer. Ce constat doit servir autant à rappeler la valeur des propos rassemblés dans cet ouvrage, qu'à retenir le fait qu'une non-observation ne veut pas dire une absence de l'espèce !

Espèce emblématique des garrigues et maquis méditerranéens ibéro-français, le lézard ocellé laisse peu de naturalistes indifférents. Chaque rencontre avec l'Ocellé compte ! La détection et l'examen des paysages culturels favorables à l'espèce demandent une grande acuité du regard et un long apprentissage. Ce livre témoigne des nombreuses années de prospections, de recherches et d'opérations conservatoires menées par Florian Doré, Marc Cheylan et Pierre Grillet. Qui de mieux placés en effet que ces trois herpétologues expérimentés pour accomplir cette tâche et nous faire partager leurs connaissances. La complémentarité de leurs expériences, de leurs réflexions croisées et de leurs sensibilités naturalistes contribuent à donner une

Joseph Celse

richesse de contenu et une originalité sans pareil à cette monographie.

Tous ces ingrédients en font un livre passionnant, dévoilant la vie pudique et attachante de ce « géant » parmi les lézards européens. Écrit d'une plume limpide, ce travail original allie une synthèse exhaustive et critique des études réalisées sur l'espèce, aux nombreuses recherches menées par les auteurs eux-mêmes. Au fil des pages, ils transmettent de façon claire et structurée tout leur savoir et leur savoir-faire, ainsi que le cheminement scientifique qui lie les connaissances taxinomiques, biogéographiques, écologiques et biologiques aux problématiques de conservation de l'espèce. La richesse de l'iconographie permet aux auteurs d'illustrer les arguments principaux et ,notamment, de quantifier le constat du déclin observé chez le lézard ocellé depuis plusieurs années. Enfin, plusieurs extraits issus de carnets de notes naturalistes participent à rendre vivant son propos.

Le cas du Lézard ocellé soulève un dilemme fondamental pour les naturalistes et les gestionnaires d'espaces voulant œuvrer pour la conservation de la « nature ». Cette espèce bénéficie en effet tout autant qu'elle en souffre des actions de l'Homme. D'un point de vue plus général, son cas permet de traiter une question qui suscite bien des débats au sein des institutions gestionnaires. Cette interrogation centrale concerne le degré d'interventionnisme qui doit être mis en œuvre pour la préservation des espèces. Doit-on maintenir les paysages ouverts tels qu'ils l'étaient jadis ? Mais alors, de quel jadis parle-t-on ? Et jusqu'à quel niveau de coût ? Au contraire, doit-on laisser les paysages évoluer vers un état climacique, dès lors que l'homme les considère comme appartenant à ce que Gilles Clément nomme le « tiers-paysage » ? Ces questionnements sont autant scientifiques qu'éthiques, tant la gestion des milieux en faveur d'une espèce peut être préjudiciable à d'autres compartiments biologiques. Les auteurs éclairent ces questions avec pertinence, tout en soulignant habilement les difficultés concrètes à la conservation du lézard ocellé, y compris dans les espaces protégés. On fait ainsi le constat que l'inscription d'une espèce sur une ou plusieurs listes de protection ne suffit pas à sa préservation dans le temps.

Il est évident que la qualité de ce livre suscitera des vocations naturalistes et comblera de plaisir et de connaissances ceux qui partagent déjà une telle passion. C'est sûr, il provoquera même l'enthousiasme des naturalistes les plus rétifs, ceux préférant le poil ou la chitine à l'écaille. Selon l'expression populaire qui dit que plus on connaît moins on connaît, cet ouvrage de Florian Doré, Marc Cheylan et Pierre Grillet encouragera sûrement de nombreux travaux de recherche. Enfin, et c'est clairement un des souhaits affirmés des auteurs, il demeurera un ouvrage de réflexion fondamental sur la théorie et la pratique en matière de conservation du lézard ocellé. J'espère personnellement que toute l'attention portée au lézard ocellé permettra à l'ensemble de la biodiversité des cortèges steppiques méditerranéens de subsister, s'adapter et évoluer dans la durée.

À Toulon, le 30 mai 2014

François DUSOULIER

Conservateur du Muséum d'histoire naturelle de Toulon et du Var

Dissimulé derrière la végétation, ce couple de lézards ocellés garde un œil attentif sur son environnement, prêt à se réfugier dans un gîte à la moindre alerte. Plaine des Maures, Var.

Préface de Claudia Corti

Pouvoir lire, concentrées dans un volume, autant d'informations sur le lézard ocellé me réconforte. Pourquoi ? Ma réponse est toute simple. Pour le plus grand nombre, il ne s'agit en effet que d'un lézard, certes de grande taille, mais dont la discrétion rend la présence difficile à déceler, si ce n'est par un léger bruissement. Mais comme les arbres, les arbustes, les fleurs, les insectes, les oiseaux et tant d'autres créatures, il fait partie d'un décor naturel dont on jouit lorsqu'on vient se ressourcer, loin de l'agitation des villes... Pour Florian Doré, Marc Cheylan et Pierre Grillet, il représente, j'en suis certaine, bien plus que cela.

Pour eux, il incarne tout un pan de l'habitat méditerranéen et de ses richesses naturelles. Son histoire est aujourd'hui liée à notre histoire, mais aussi, aux transformations que nos activités font subir aux territoires qu'il occupe.

À l'approche du printemps, c'est le miracle du réveil attendu de nos paysages méditerranéens. Comme chaque fois, le naturaliste espère voir le lézard ocellé sortir de sa torpeur, lorsque réapparaissent toutes les créatures disparues durant l'hiver. Je suis certaine que, pour les auteurs de ce livre, c'est à cette période de l'année que se manifeste l'irrésistible envie de repartir à la quête du lézard ocellé... Une quête qui incite à rechercher avec soin les éléments et les signes de la présence des espèces qui, depuis l'automne, s'étaient faites discrètes, laissant place à un habitat toujours fascinant et parfumé, mais plus morne et silencieux. C'est alors que reprend la collecte méticuleuse de données et d'informations, l'accumulation de chiffres associés à différentes variables, le résultat de notes prises depuis bon nombre d'années.

Après une vie consacrée à l'activité de terrain, peu de choses échappent à l'œil du naturaliste. Il observe et perçoit tout changement autour de lui, que ce soit dans le mouvement ou dans l'immobilité, qu'il s'agisse d'un reptile, d'un insecte, du profil d'un arbre ou d'un monticule de pierres. Lui et souvent lui seul en perçoit les subtiles modifications; il en observe les détails, en analyse les particularités, les compare avec ce qu'il a observé par le passé. De ceci, il « conte » les couleurs et « respire » les parfums.

Ce n'est qu'au terme d'un travail de longue haleine que peut naître une œuvre fiable et réellement utile. Cet ouvrage procède d'un travail approfondi, fruit d'innombrables observations élaborées avec soin, sans la prétention d'avoir déjà tout dit, mais avec la simple conscience qu'il est indispensable d'entrer dans les détails pour comprendre l'ensemble.

Ainsi doit être la contribution qu'un bon naturaliste doit apporter au monde, une contribution caractérisée par l'honnêteté de celui qui souhaite informer correctement, après avoir bien réfléchi à la manière d'assembler les pièces d'un puzzle dont nous ne verrons probablement jamais la fin.

Pour tout cela, je remercie Florian, Marc et Pierre.

Dr Claudia CORTI

Conservatrice au
Muséum d'histoire naturelle de Florence,
Section de Zoologie « La Specola »

Présidente de la
Société Européenne d'Herpétologie

Dans sa posture typique, ce mâle profite d'un bain de soleil. Grégory Deso

Remerciements

Comme il est habituel pour ce genre d'ouvrage, ce livre doit beaucoup à l'aide généreuse d'un grand nombre de personnes, amis et collaborateurs.

Nos remerciements vont tout d'abord à Claudia Corti et à François Dusoulier pour avoir accepté de préfacer ce livre.

À Jean Nicolas pour sa contribution au chapitre traitant de la reconnaissance de l'espèce, Philippe Geniez pour sa contribution au chapitre « Origine, évolution et systématique », Grégory Deso, Gilles Pottier, Olivier Peyre, Jean-Luc Grossi, Sebastiano Salvidio, Julien Viglione pour leur contribution au chapitre « répartition », Matthieu Berroneau, Grégory Deso, Joseph Celse, Philippe Geniez et Vincent Rivière pour leurs récits de terrain, Claude Dauge et Christian Bavoux pour leur relecture attentive, leurs remarques constructives, leur aide pour les parties consacrées à Oléron et leur implication sur le terrain.

À José Antonio Mateo pour les bons moments passés à soulever les nombreux cailloux de la Crau et pour les nombreux emprunts puisés dans sa thèse et dans sa monographie consacrée au lézard ocellé.

À José Antonio Mateo, Luis Vicente, Octavio Paulo pour nous avoir fait découvrir les lézards ocellés espagnols et portugais et plus particulièrement les lézards ocellés de l'île de Berlenga, avant que ceux-ci ne disparaissent.

À Sebastiano Salvidio, Dario Ottonello et Luca Lamagni, pour nous avoir guidé sur les traces des lézards ocellés de la côte ligure.

À Claude Dauge, agent patrimonial de l'ONF sur Oléron avec qui nous travaillons sur le lézard ocellé et fortement complice de l'ensemble des actions menées sur cette île depuis 1996 ainsi que Christian Bavoux, responsable du Marais aux Oiseaux sur l'île. Ces deux personnes, naturalistes avertis, sont pour nous de précieux relais locaux.

À Jean-Marc Thirion, avec qui nous avons partagé de nombreuses heures sur le terrain à la recherche des lézards ocellés.

Notre reconnaissance va aussi aux personnels de l'ONF qui ont participé et/ou soutenu les nombreuses actions menées autour du lézard ocellé en région Poitou-Charentes : Pierre de Montaignac, Directeur régional, pour nous avoir soutenu lors des premières actions en faveur du lézard ocellé sur Oléron, mais aussi ses successeurs Pierre Courtier, Stéphane Villarubias, et Guylaine Archevêque.

Les agents de terrain de l'ONF et tout particulièrement Christine Micheneau, alors responsable biodiversité à La Rochelle et avec laquelle nous avons lancé le programme d'étude du lézard ocellé sur le littoral charentais. Serge Chaigneau, responsable de l'unité territoriale de Charente-Maritime ainsi que Valéry Bernard, agent technique sur Bussac-Forêt pour leur aide précieuse, de même que les soutiens au niveau national de Laurent Tillon, Paul Sansot et Cédric Baudran.

Nos remerciements vont aussi aux personnes ayant participé aux études de terrain mises à profit dans ce livre : Amélie Adamczyk, Guillaume Bardin, Frédéric Beau, Françoise Bellera, Frédéric Chiche, Nathan Braconnier, Hugo Braconnier, Olivier Chaline, Aurélien Cheylan, Sophie Chollet, Claire Couturier, Marie-Do Couturier, Thibaut Couturier, Samuel Couturier, Alexandre Cluchier, Igor Girault, Laure Harivel, Sabrina Lefebvre, Marc-Antoine Marchand, Loïc Mimaud, Aura Penloup, Alexandre Portheault, Bernard Ragot, Simon Russeil, Anaïs Syx, Jean-Marc Thirion, Jean-Paul Vieron, Nicolas Vrignaud et tous ceux et celles qui nous ont transmis leurs observations.

Merci à Aurélien Besnard de l'EPHE de Montpellier pour son aide dans les analyses de données de certaines études.

Merci à Aurélien Cheylan pour la réalisation des cartographies de répartition du lézard ocellé en France et en Europe.

Merci également aux personnes qui se sont attachées à relire tout ou partie du manuscrit en particulier à : Aurore Perrault de la DREAL Poitou-Charentes et coordinatrice du PNA lézard ocellé, Alexandre Boissinot du CNRS de Chizé, Marie-Do Couturier, secrétaire du Festival international du film ornithologique de Ménigoute, Imea Campani, Evelyne Flageul, enseignante, Audrey Bodin, infirmière et, pour Biotope, Michel Geniez, Julien Marmayou et Jean-Yves Kernel.

Grand merci également à Philippe Jourde,

Françoise Poitevin et Philippe Merveilleux du Vignaux pour leurs informations concernant le lézard ocellé, ainsi qu'à Isabelle Daval pour les autorisations administratives et le suivi des dossiers.

Merci aux personnes avec qui nous avons échangé sur la connaissance et la conservation du lézard ocellé, ou qui ont contribué de près ou de loin à la réalisation de cet ouvrage : Maud et Matthieu Berroneau, Xavier Bonnet, Pierre-Eymard Biron, Guy Caullireau, Frédéric Chiche, Bruno Cuerva, Léa et Dominique Doré, Pascal Grisser, Olivier Lourdais, Gilles Pottier, Françoise Poitevin, Hippolyte Pouchelle, Olivier Swift, Julien Viglione.

Sans oublier les photographes qui ont bien voulu enrichir ce livre par de superbes clichés : Joseph Celse, Grégory Deso, Gilles Pottier, José Antonio Mateo, Pedro Galán, Jean Nicolas, Luis Garcia Cardenete, René Celse, Maxime Briola, Jean Nicolas, Olivier Peyre, Romain Datcharry, Julien Viglione, Vincent Rivière, Léa et Dominique Doré, Claude Dauge, Marie Daniel, Philippe Geniez, Fabien Mazzocco, Gérard Ruven de l'ONCFS, Errol Vela, Jean-Michel Bompar, Aurélien Miralles, Michel Gauthier-Clerc, Bernard Ragot, Anthony Olivier, Arnaud Vaudelet, Abel Bermejo García, Grégory Lopez, Évelyne Flageul, la photothèque Biotope (Michel Geniez, Jean-Yves Kernel, Frédéric Melki, Thomas Menut, Julien Tranchard, Matthieu Geng, Julien Marmayou).

Remerciements aux Éditions Belin pour nous avoir permis de reprendre certains passages du livre « Le lézard ocellé » paru en 2004.

Enfin, nous remercions les Éditions Biotope, et tout particulièrement Michel Geniez, pour le soin apporté à la réalisation de cet ouvrage.

Présentation des auteurs

Florian DORÉ est naturaliste. Il travaille au sein de l'association de protection de la nature « Deux-Sèvres Nature Environnement », en tant que chargé de missions herpétologue et entomologiste. Il est titulaire d'un master en sciences de la vie et de la terre de l'École Pratique des Hautes Études. Il participe depuis 2007 aux études menées sur le lézard ocellé en Charente-Maritime et il a rédigé, pour le compte du Ministère de l'Écologie, le Plan National d'Actions consacré à cette espèce. Il intervient régulièrement dans des formations naturalistes.

Marc CHEYLAN est maître de conférences à l'École Pratique des Hautes Études où il enseigne la biogéographie et la biologie de la conservation au sein du Centre d'écologie fonctionnelle et évolutive de Montpellier (CEFE-CNRS). Intéressé depuis l'enfance par la nature, ses recherches portent essentiellement sur l'écologie et la préservation des reptiles méditerranéens, thèmes auxquels il a consacré de nombreuses publications et ouvrages scientifiques. Au-delà de son activité de recherche, il s'implique depuis longtemps en faveur de la préservation des milieux naturels méditerranéens. Il participe à de nombreuses instances dédiées à la protection de la nature : UICN, SNPN, Conservatoire du littoral, conseils scientifiques régionaux.

Pierre GRILLET est naturaliste et herpétologue. Après avoir travaillé à la FRAPNA Isère, il a pris la direction du centre permanent d'initiatives pour l'environnement de Coutières dans les Deux-Sèvres et travaille aujourd'hui à son compte. Il est auteur et co-auteur de plusieurs ouvrages naturalistes. Depuis une vingtaine d'années, il a initié avec Marc Cheylan, Jean-Marc Thirion et Claude Dauge les premières études consacrées au lézard ocellé sur l'île d'Oléron. Ces travaux ont débouché sur un mémoire d'étude consacré à cette espèce (diplôme de l'École Pratique des Hautes Études) et la publication de plusieurs articles scientifiques. Il organise avec Marc Cheylan des formations herpétologiques pour le compte de l'Atelier Technique des Espaces Naturels.

Marie-Do Couturier

Florian Doré, Pierre Grillet et Marc Cheylan.

Avant-propos

Farouche et discret, observateur et curieux, tels sont les adjectifs qui résument le mieux le comportement du lézard ocellé. Observer l'animal sur une pelouse calcaire de la Dordogne peut demander beaucoup de temps. Et, le plus souvent, cela se résume à un bruit, une fuite dans un buisson proche, bien avant que nous ayons pu le distinguer. Une telle fuite est un signe, un indice, mais lorsqu'on débute, le risque est grand de se méprendre avec un lézard vert... Dans ces conditions, mieux vaut alors s'installer confortablement à quelques mètres du gîte, jumelles, voire longue-vue à portée de main, et attendre que l'animal veuille bien se montrer. C'est alors qu'une tête apparaît et examine les alentours. Puis, si rien ne l'inquiète, c'est l'animal tout entier qui se montre, attentif à la moindre anomalie sur son domaine. Il peut rester longtemps dans cette attitude avant de prendre place au soleil, ou s'en aller explorer les alentours. Mais chaque individu peut adopter un comportement particulier : certains se montrent craintifs, hésitant à sortir au moindre élément suspect, alors que d'autres sont plus intrépides, se rapprochant parfois de l'observateur. Ces différences de comportement, de caractère, rendent encore plus séduisante leur observation !

Avertissement
Dans les textes qui suivent et, particulièrement, pour les chapitres concernant l'histoire naturelle de l'espèce ainsi que les actions de conservation, les informations proviennent des études réalisées dans différentes populations en Europe. Pour la France, les exemples donnés dans le cadre de cet ouvrage proviennent en majorité des travaux menés sur les deux populations les plus étudiées : celle de la Crau et celle de l'île d'Oléron.

Jean Nicolas

Introduction

L'intérêt pour les reptiles (nous devrions dire aujourd'hui les sauropsides) a débuté pour nous trois dès notre plus tendre enfance. Fouiner parmi les broussailles, parcourir la garrigue, s'aventurer sur des aplombs rocheux ont très tôt pris le pas sur d'autres jeux. Et, parmi toutes les curiosités que nous offrent la Nature, tortues, lézards et serpents ont toujours occupé une place à part pour une raison qu'il serait bien difficile d'expliquer ! Si les reptiles ont eu nos préférences, rien de ce qui touche aux sciences naturelles ne nous laissait toutefois indifférents. Dans ce foisonnement du vivant, quelques espèces suscitent cependant plus d'émotions, soit en raison des toutes premières observations qui, selon les circonstances, peuvent marquer un naturaliste toute une vie, soit en raison de rencontres humaines, de lectures, qui attisent l'intérêt et la curiosité...

Ce sont probablement ces deux raisons – fort peu raisonnables d'ailleurs ! – qui nous ont conduits à nous intéresser d'un peu plus près au lézard ocellé. Notre envie de mieux connaître cette espèce remonte à des périodes où celle-ci n'était guère prise en considération par les naturalistes et encore moins par les listes rouges et autres qualifications attribuées aux espèces rares.

C'est ainsi qu'en 2004, nous avons publié un premier livre sur le lézard ocellé aux Éditons Belin. Mais les connaissances sur ce lézard se sont vite accumulées, au point de justifier en cette fin de l'année 2014 un nouvel ouvrage, plus précis sur bien des points de sa biologie et de son écologie.

Par ce livre, nous souhaitons dresser un état le plus complet possible des connaissances acquises sur ce lézard, par le biais de nos recherches, celles de nombreux naturalistes qui ont bien voulu nous apporter leur éclairage, mais aussi par la lecture des différents travaux réalisés en Europe autour de cette espèce.

L'expérience acquise sur ce lézard montre que l'on ne doit pas attendre qu'une espèce soit officiellement déclarée « en déclin » pour s'y intéresser. Un taxon « commun » peut en effet rapidement régresser dans l'indifférence générale !

D'ailleurs, une question revient comme une ritournelle dès qu'il s'agit de protéger une espèce : à quoi sert le lézard ocellé ? Nous serions tentés de répondre : très probablement à rien, et alors ? En effet, la disparition du lézard ocellé, tout comme du rouge-gorge ou de la gagée de granatelli n'entraînera pas de grands bouleversements dans nos écosystèmes, n'aura aucun impact sur nos propres activités et, très probablement, peu de répercussions sur les autres espèces... Mais faut-il justifier un rôle, une utilité à une espèce ? Et dans ce cas, pourquoi plus à celle-ci qu'à celle-là ? Ne pourrions-nous pas trouver normal une curiosité envers les espèces qui nous accompagnent sur cette planète ? Toutes participent à la diversité du vivant dont nous sommes aujourd'hui responsables en raison de nos activités et de leurs fâcheuses conséquences sur la Nature...

Comme tous les vrais lézards, le lézard ocellé possède des paupières mobiles.
Il se caractérise néanmoins par des arcades oculaires particulièrement marquées.
Vendres, Hérault.

Joseph Celse a consacré de nombreuses heures à observer le lézard ocellé dans la plaine des Maures (Var).

Dans la suite du livre, on verra que bien des choses se passent autour de ce terrier !

Joseph Celse

Joseph Celse

Majestueux, impressionnant, la première rencontre avec le lézard ocellé ne laisse pas indifférent. Cet individu témoigne de la splendeur de l'espèce.

Partie 1

Origine et caractéristiques du genre *Timon*

Un peu d'histoire

Toute espèce possède une histoire… l'histoire de ses origines et de son parcours à travers le temps, une histoire qui permet de mieux la connaître et de mieux appréhender sa situation actuelle.

POSITION DU LÉZARD OCELLÉ DANS L'ORDRE DES SQUAMATES

Le lézard ocellé *Timon lepidus* (Daudin, 1802) appartient à la classe des sauropsides, à l'ordre des squamates, sous-ordre des sauriens. Ce sous-ordre regroupe 17 familles divisées en 383 genres environ. Parmi ces 17 familles, celle des Lacertidae dont fait partie le lézard ocellé comprend environ 24 genres pour environ 240 espèces qui peuplent la plus grande partie de l'Europe, l'Afrique et l'Asie. Les Lacertidae se divisent en deux sous-familles : les Gallotinae (propres à l'archipel des Canaries (genre *Gallotia*) et à l'Afrique du Nord, la péninsule Ibérique et le sud de la France (genre *Psammodromus*) et les Lacertinae. Le lézard ocellé appartient à cette dernière et aujourd'hui au genre *Timon*. L'espèce a été décrite par Daudin en 1802, dans le troisième tome de son œuvre : « Histoire Naturelle Générale et Particulière des Reptiles ». Le spécimen-type provient de la région de Montpellier et concerne un lézard ocellé juvénile que Daudin a appelé: «le lézard gentil du Languedoc» *Lacerta lepida* (le mot latin *lepida* signifie « plaisant, agréable, charmant… ».

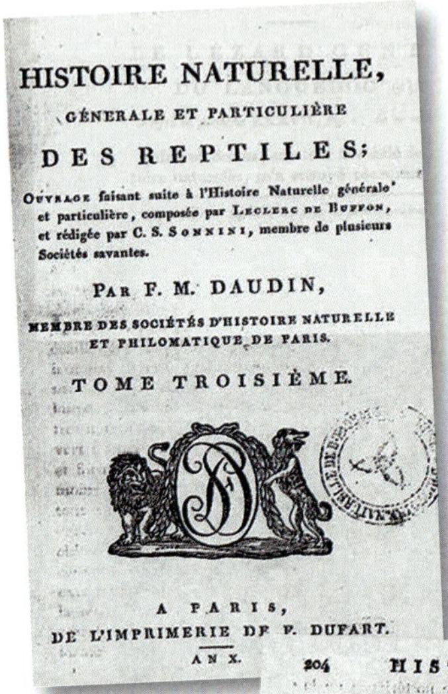

HISTOIRE NATURELLE,
GÉNERALE ET PARTICULIÈRE
DES REPTILES;
OUVRAGE faisant suite à l'Histoire Naturelle générale et particulière, composée par LECLERC DE BUFFON, et rédigée par C. S. SONNINI, membre de plusieurs Sociétés savantes.
PAR F. M. DAUDIN,
MEMBRE DES SOCIÉTÉS D'HISTOIRE NATURELLE ET PHILOMATIQUE DE PARIS.
TOME TROISIÈME.
A PARIS,
DE L'IMPRIMERIE DE F. DUFART.
AN X.

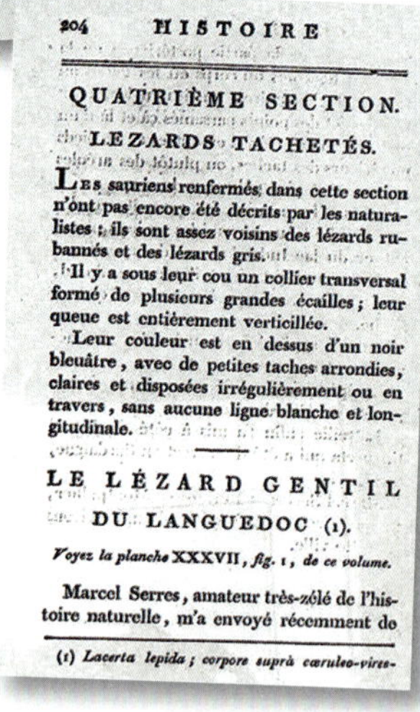

204 HISTOIRE

QUATRIÈME SECTION.
LEZARDS TACHETÉS.

LES sauriens renfermés dans cette section n'ont pas encore été décrits par les naturalistes ; ils sont assez voisins des lézards rubannés et des lézards gris.

Il y a sous leur cou un collier transversal formé de plusieurs grandes écailles ; leur queue est entièrement verticillée.

Leur couleur est en dessus d'un noir bleuâtre, avec de petites taches arrondies, claires et disposées irrégulièrement ou en travers, sans aucune ligne blanche et longitudinale.

LE LÉZARD GENTIL DU LANGUEDOC (1).

Voyez la planche XXXVII, *fig.* 1, *de ce volume.*

Marcel Serres, amateur très-zélé de l'histoire naturelle, m'a envoyé récemment de

(1) *Lacerta lepida ; corpore suprà cæruleo-vires-*

Description de *Lacerta lepida* par Daudin en 1802.

Reptile non avien et sauropside ?

Les sauropsides sont apparus il y a environ 315 millions d'années. Par leur taille et leur aspect, les premiers s'apparentaient à un lézard. Certaines branches de leurs descendants se maintiennent de nos jours avec les chéloniens (tortues), les crocodiliens, les squamates (lézards et serpents), et même une partie des dinosaures, représentés actuellement par les oiseaux. Ceux-ci sont notamment plus proches des crocodiles que ces derniers ne le sont des autres sauropsides. Les « reptiles » constituent ainsi un groupe non naturel, paraphylétique du fait de l'exclusion d'une partie des descendants d'un ancêtre commun, les oiseaux. La dénomination « reptile non avien » doit désormais se substituer à celle de « reptile » couramment employée.

Juvénile. Dès leur premier printemps, les lézards ocellés se parent de beaux ocelles bleus. Les ocelles dorsaux s'estomperont ensuite petit à petit.
Joseph Celse

UNE ESPÈCE AU NOM CHANGEANT

Böhme et Corti (1993) ont proposé la constitution d'un nouveau genre pour regrouper les lézards ocellés européens, africains et kurdes (*Lacerta princeps*) sous le nom générique de *Timon*, nom qui avait déjà été proposé par Tschudi en 1839 pour le sous-genre qui incluait les lézards ocellés européens. Selon Carranza *et al.* (2004), ces espèces ne constituent cependant pas une lignée monophylétique ce qui pourrait remettre en cause la dénomination générique de *Timon princeps*. Dans le cadre de ce livre, nous nous intéressons tout spécialement au lézard ocellé européen *Timon lepidus* (= *Lacerta lepida*).

ORIGINE, ÉVOLUTION ET SYSTÉMATIQUE

Les lézards ocellés se sont développés de part et d'autre de la Méditerranée occidentale au cours des 10 derniers millions d'années. Les données issues de la génétique moléculaire permettent de retracer assez précisément l'histoire du groupe (Voir p. 22 figure Phylogénie des 4 espèces de lézards ocellés). À partir de l'étude de plusieurs gènes nucléaires et mitochondriaux, Paulo et collaborateurs proposent un arbre phylogénétique bien résolu faisant apparaître une lignée basale nord-africaine composée des deux espèces *Timon pater* et *Timon tangitanus*. De cette lignée africaine dérivent deux lignées européennes bien distinctes aboutissant aux deux espèces *Timon lepidus* et *Timon nevadensis*. Ces quatre lignées semblent avoir divergé de façon quasi synchrone vers – 9,17 millions d'années (min. 4,5 max. 15,1). La séparation entre les lignées africaines et européennes est à peine plus ancienne, estimée à – 11,3 MA (min. 6,4 max. 16,2).

L'histoire paléogéographique complexe de cette région semble à l'origine de cette diversification. Au Tortonien (11,6 - 7,2 MA), la péninsule Ibérique et l'Afrique du nord étaient séparées par trois détroits, isolant deux grandes îles correspondant approximativement à la chaîne bétique au nord et à la chaine du Rif au sud. Ces trois détroits se ferment entre – 6 MA et – 7,8 MA permettant la mise en connexion de l'Europe et de l'Afrique. Cette connexion sera amplifiée par la crise de salinité du Messinien (entre – 5,96 et – 5,33 MA) qui va assécher la Méditerranée et jeter des ponts importants entre les îles et les continents. De façon brutale, cette connexion sera rompue vers – 5,33 MA par des mouvements tectoniques ouvrant le détroit de Gibraltar, ce qui aura pour effet de reconstituer la mer Méditerranée, mais fermera définitivement les échanges terrestres entre l'Afrique et l'Europe. La spéciation des lézards ocellés s'est donc faite dans un contexte géographique et géologique tourmenté, créant des isolats géographiques propices à la différenciation.

En Europe, les travaux génétiques de Miraldo et collaborateurs identifient cinq lignées évolutives bien circonscrites géographiquement (carte p. 23), outre la lignée *nevadensis*, considérée comme une espèce distincte par les auteurs de cette étude. Ces cinq lignées semblent s'être différenciées au cours des fluctuations climatiques du Pléistocène, à des périodes comprises entre – 2,9 et – 1,1 millions d'années.

Les études génétiques réalisées sur les populations françaises montrent qu'on n'y trouve pas de lignée génétique originale (Chaline 2007). Le peuplement de la France résulterait en conséquence d'une colonisation assez récente, issue de la lignée 4 définie par Miraldo *et al.* (2011).

La systématique classique (morphologique) reconnaît plusieurs sous-espèces au sein de l'espèce *lepidus* :

- *Timon lepidus lepidus* (Daudin, 1802) (majeure partie de la péninsule Ibérique [à l'exception du sud-est et du nord-ouest de l'Espagne], sud de la France, nord-ouest de l'Italie) ;
- *Timon lepidus nevadensis* (Buchholz, 1963) (sud-est de la péninsule Ibérique) ;

Jadis associée au Rif marocain, la Sierra Nevada appartient à un ensemble orographique appelé « chaîne bétique ». Cette chaîne abrite de nombreuses espèces endémiques, notamment végétales, protégées aujourd'hui par un parc national. C'est dans ce massif que l'on peut rencontrer le lézard ocellé du sud-est ibérique : *Timon nevadensis*.

- *Timon lepidus ibericus* (Lopez Seoane, 1884) (Galice, ouest de León, nord-est de Zamora, Asturies occidentales et nord du Portugal) ;
- *Timon lepidus oteroi* (Castroviejo & Mateo 1998) (île de Sálvora en Galice).

Le nord-ouest de l'Afrique serait occupé par deux espèces : *Timon pater* (Lataste, 1880), anciennement *Lacerta pater* Lataste, 1880 distribué depuis la Tunisie jusqu'à la frontière algéro-marocaine et *Timon tangitanus* (Boulenger, 1887) anciennement *Lacerta tangitana* (Boulenger, 1887), localisé au seul Maroc.

Cette classification ne fait pas l'unanimité parmi les biologistes. Paulo *et al.* (2008) et Miraldo *et al.* (2011) ne reconnaissent pas la sous-espèce *T. l. oteroi* et suggèrent d'élever au rang d'espèce *Timon lepidus nevadensis*, compte tenu de sa divergence génétique importante avec *Timon lepidus lepidus* (égale à celle qui sépare *Timon pater* et *Timon tangitanus*), mais aussi compte tenu des caractères morphologiques qui les distinguent (voir plus loin). La reconnaissance de *Timon nevadensis* au rang d'espèce n'est cependant pas unanime, principalement parce qu'il existe une large zone d'introgression morphologique dans la zone de contact entre *lepidus* et *nevadensis*. Les travaux génétiques de Nunes *et al.* (2011) et de Miraldo *et al.* (2012), portant sur la mesure des flux de gènes au niveau de cette zone de contact montrent toutefois que l'hybridation y est des plus réduites. L'ancienneté de la divergence, l'absence ou le très faible flux de gènes dans la zone de contact, ainsi que la morphologie plaident en faveur d'une reconnaissance spécifique pour *L. l. nevadensis*, position que nous suivrons dans le cadre de cet ouvrage. De fait, le statut de semi-espèce semble le plus approprié pour caractériser ces deux entités évolutives. Le statut des populations nord-africaines n'est pas encore totalement clarifié, notamment en ce qui concerne les populations algériennes.

Un genre (*Timon*) assez diversifié

Sous-espèces de *Timon lepidus* :

Grégory Deso

Morphologie et robe typique d'un mâle adulte de *Timon lepidus lepidus* en Crau, Bouches-du-Rhône.

Pedro Galán

Lézard ocellé de Galice (*Timon lepidus ibericus*), Côte de Galice, la Corogne, Espagne.

Autres espèces du genre *Timon* :

Jean Nicolas

Lézard ocellé de la Sierra Nevada (*Timon nevadensis*), Los Carasoles, Andalousie, Espagne.

Jean-Michel Bompar — Errol Vela

Lézard ocellé d'Afrique du Nord (*Timon pater*).
À gauche, mâle adulte, Aïn Draham, Tunisie ; à droite, juvénile, Wilaya de Skikda, Algérie.

Aurélien Miralles — Philippe Geniez - EPHE

Lézard ocellé du Maroc (*Timon tangitanus*). À gauche, adulte ; à droite juvénile (Jbel Hebri, Maroc, 2050 m).

Histoire évolutive du lézard ocellé

L'histoire évolutive du lézard ocellé se déroule dans l'ouest méditerranéen au cours des 10 derniers millions d'années. La paléogéographie de la région est complexe durant cette période, ce qui explique largement la diversification du groupe. La séparation des espèces se fait entre

Paléogéographie de l'Ouest méditerranéen

Au Tortonien (11,6 - 7,2 MA)

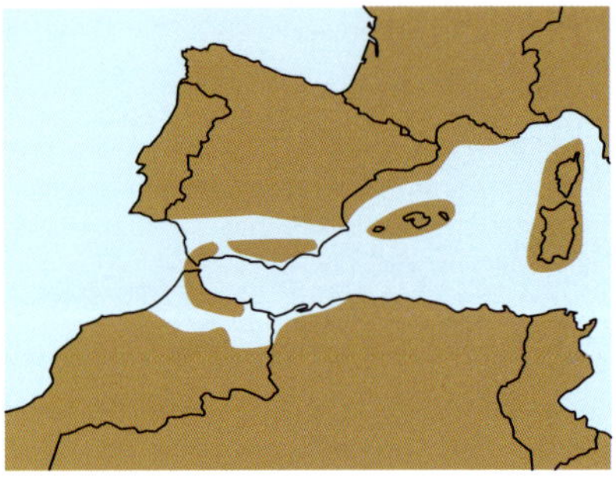

Au Messinien (7,2 - 5,3 MA)

Durant la crise de salinité du Messinien (5,9 - 5,3 MA)

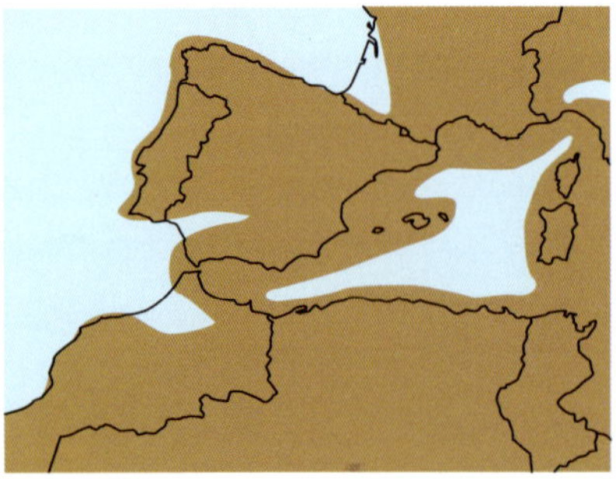

Terres émergées — Mers

Phylogénie des 4 espèces de lézards ocellés

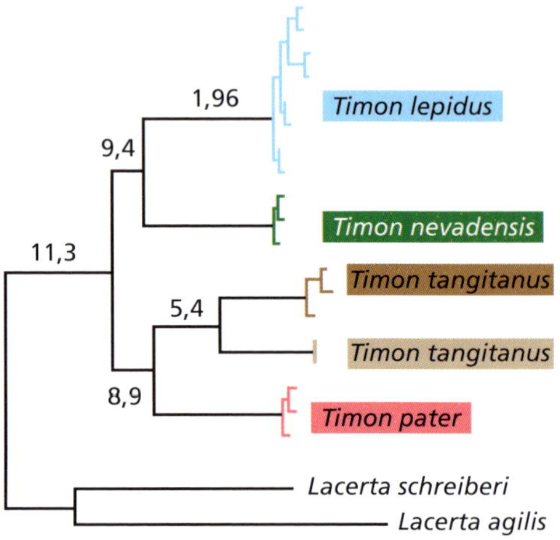

Les chiffres indiqués aux branchements de l'arbre proposent une estimation des dates de séparation entre les lignées (en millions d'années) sur la base du gène cytochrome b de l'ADN mitochondrial. La longueur des branches traduit la dissemblance génétique entre lignées. (D'après Paulo *et al.* 2008).

Distribution géographique des 4 espèces de lézard ocellé

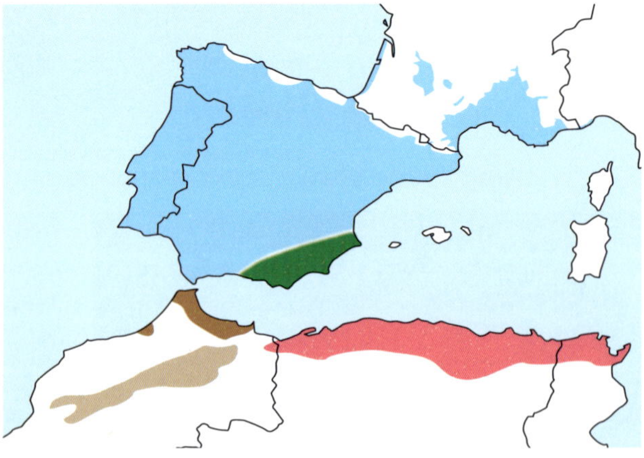

Timon lepidus — *Timon tangitanus*
Timon nevadensis — *Timon pater*

11,3 et 8,9 MA environ, la séparation des lignées de *Timon lepidus* vers 2 MA, à la charnière Pliocène-Quaternaire. Les lézards ocellés ont donc côtoyé les faunes tropicales de la fin du Tertiaire : rhinocéros, tapirs, éléphants, tigre à dents de sabre, varans, crocodiles, tortues géantes...

Relations phylogénétiques entre les deux espèces de lézards ocellés européens et au sein de l'espèce *lepidus*.

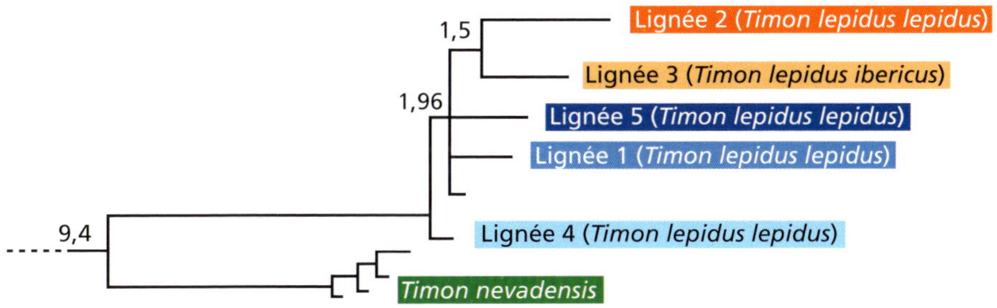

Les chiffres indiqués aux branchements de l'arbre proposent une estimation des dates de séparation entre les lignées (en millions d'années). Cette phylogénie repose sur l'analyse de 627 paires de base du cytochrome b de l'ADN mitochondrial. (D'après Miraldo *et al.* 2011).

Distribution géographique des 2 espèces européennes et des 5 lignées au sein de l'espèce *Timon lepidus*.

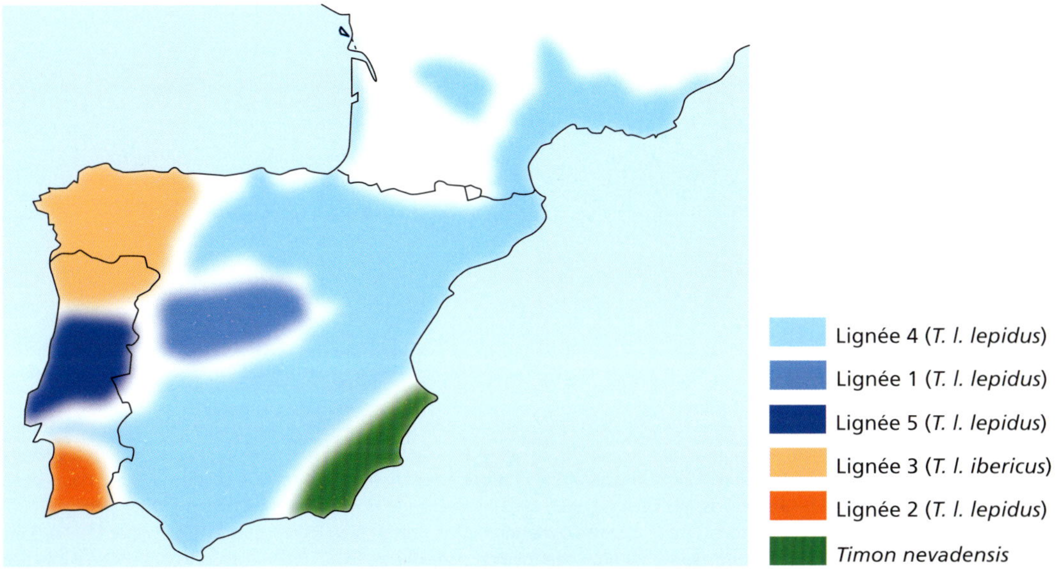

RESTES FOSSILES

Les restes de lézard ocellé les plus anciens datent du milieu du Pliocène, époque s'étendant de – 5,3 à – 2,6 millions d'années sur l'échelle des temps géologiques. Ces restes ont été trouvés dans des gisements des îles Medes près de Gérone en Espagne. Ils ont été découverts avec des ossements d'espèces aujourd'hui disparues de la région comme l'agame *Agama* sp. et des vipères du groupe *lebetina*.

Du Pliocène datent également des restes découverts dans des grottes au sud de l'Italie, dans la province d'Apulie, régions inoccupées de nos jours par le lézard ocellé. Il est possible que ces restes appartiennent à *Timon pater* (aujourd'hui connu en Algérie et en Tunisie), dont la morphologie osseuse est très proche de celle de *Timon lepidus*.

Au Pliocène supérieur (– 3,6 à – 2,6 millions d'années), des éléments fossiles sont connus en France dans le Roussillon. Au Pléistocène inférieur (– 2,59 à – 0,78 millions d'années), on connaît des fossiles près de Grenade, dans le sud de la péninsule Ibérique. Le Pléistocène moyen (entre – 781 et – 126 milliers d'années) livre des restes à Lunel (Hérault), à Aridos (près de Madrid en Espagne), à Bize (Aude), à Grenade et dans les Alpes-Maritimes. L'identité des restes découverts dans les Alpes-Maritimes a cependant été mise en doute.

Le Pléistocène supérieur (entre – 126 000 et – 11 000 ans) livre des restes à Cuevas de Hora (près de Grenade), à La Yedra (nord de Grenade), dans l'arrière-pays de Barcelone, près de Nice et à Gibraltar (sud de la péninsule Ibérique).

La période Holocène (qui débute vers – 12 000 ans), livre plusieurs découvertes dans l'aire de distribution actuelle de l'espèce : dans l'Aude, à Châteauneuf-du-Rhône dans la Drôme, près de Setubal au sud de Lisbonne au Portugal, à Huelva (sud-ouest de l'Espagne), près de Grenade et à Villena dans l'arrière-pays d'Alicante en Espagne. Ces dernières localités correspondent à des restes attribuables à *Timon nevadensis*.

À ce jour, il est difficile de dire si l'espèce a perduré en France durant l'optimum glaciaire du Würm ou si elle s'est retirée en direction de l'Espagne pour recoloniser plus tard le territoire à partir du post-glaciaire. Les documents archéozoologiques et génétiques ne sont pas actuellement à même de répondre à cette question.

Références

Origine et évolution : Castroviejo & Mateo (1998), Daudin (1802), Mateo (1990, 2011), Mateo & Castroviejo (1990), Mateo & López-Jurado (1994), Mateo *et al.* (1996, 1999), Miraldo *et al.* (2011, 2012), Nunes *et al.* (2011), Paulo *et al.* (2008), Sindaco & Jeremenko (2008), Speybroeck *et al.* (2010) - **Position du lézard ocellé dans l'ordre des squamates :** Arnold & Ovenden (2004), Harris *et al.* (1998), Fu (2000), Daudin (1802) - **Restes fossiles :** Bailon (1986, 1991), Barbadillo (1989), Boessneck & Driesch (1976), Delfino (2006) *in* Sindaco *et al.* (2006), Estes (1983), Estévez (1985), Fuentes & Meijide (1975), Gleed-Owen (2001), Lauk (1976), Mateo (1988), Sanz & Sanchiz (1980), Ruiz-Bustos (1978) – **Une espèce au nom changeant :** Arnold *et al.* (2007), Böhme & Corti (1993), Carranza *et al.* (2004), Mateo (2011), Tschudi (1839).

Historique de la colonisation en France

Le lézard ocellé occupe l'essentiel de la péninsule Ibérique (Espagne et Portugal), la zone méditerranéenne française avec quelques extensions vers l'ouest, et l'extrême nord-ouest de l'Italie, le long de la côte ligure. Rechercher les modalités et les étapes de la colonisation du territoire français nous renseigne sur l'évolution du paysage et de sa répartition au fil du temps.

Florian Doré

En France, la distribution du lézard ocellé remonte le long de la façade atlantique, et trouve sa limite nord à l'île d'Oléron, Charente-Maritime (ci-dessus).

DES ESPÈCES MÉDITERRANÉENNES DANS LE CENTRE-OUEST DE LA FRANCE

De nombreuses espèces d'origine méditerranéenne partagent le même patron chorologique que celui du lézard ocellé. C'est le cas, chez les amphibiens, du pélobate cultripède *Pelobates cultripes* ou de la pachyure étrusque *Suncus etruscus* chez les mammifères. La répartition mondiale du pélobate cultripède coïncide notamment très étroitement avec celle du lézard ocellé européen. En France, le pélobate cultripède occupe de façon plus ou moins homogène la région méditerranéenne. Sur la côte atlantique, les populations actuellement connues sont très isolées, depuis le sud du bassin d'Arcachon jusqu'à l'île de Noirmoutier, les populations ligériennes étant désormais considérées comme éteintes. Ces deux foyers de populations (littoral méditerranéen et atlantique) étaient très certainement liés dans le passé comme en témoignent plusieurs mentions anciennes dans les régions de Toulouse, de Bordeaux et de Dax. La population de Bordeaux a été redécouverte en 2001 par Jean-Yves Kernel et Bertrand Delprat et une observation récente a également été réalisée à Toulouse. Ces dernières années, le pélobate cultripède

Le pélobate cultripède a une répartition mondiale semblable à celle du lézard ocellé. Saint-Pargoire, Hérault.

a été découvert dans l'extrême nord-est du département des Landes près du Gers ainsi que dans le Lot-et-Garonne. En outre, de même que chez le lézard ocellé, le pélobate cultripède a une espèce voisine endémique du Maroc, *Pelobates varaldii*, dont la divergence est assez équivalente à celle de *Timon lepidus* et *T. tangitanus*.

Chez la pachyure étrusque, la distribution entre les côtes méditerranéenne et atlantique semble plus continue, avec des populations disjointes mais régulières tout au long de l'axe de la Garonne, jusqu'à la côte de la Charente-Maritime au nord via le Lot-et-Garonne, la Dordogne et la Gironde.

De fait, tous les cas de figure peuvent être trouvés entre une distribution quasi continue entre la région méditerranéenne et la côte atlantique (*Suncus etruscus* par exemple), une distribution plus ou moins morcelée (*Timon lepidus*) et une distribution totalement disjointe (*Pelobates cultripes*). Pour la plupart, ces espèces sont en phase de déclin, particulièrement dans la partie atlantique de leur distribution. C'est le cas par exemple du seps strié *Chalcides striatus*, petit lézard de la famille des Scincidés, qui était assez fréquent en Gironde et en Charente-Maritime dans la première moitié du XIXe siècle. C'est vrai également pour le lézard ocellé et le pélobate cultripède, pour lesquels des preuves historiques accréditent l'extinction de populations dans cette partie de la France. Le seps strié n'est désormais connu aujourd'hui que par quelques rares observations en Charente-Maritime et n'a pas fait l'objet d'observations en Aquitaine depuis 2003 et la découverte d'un individu dans le centre du département des Landes.

Ce schéma biogéographique s'observe également chez plusieurs végétaux distribués (voir page 28) de façon **quasi continue** entre la région méditerranéenne et la côte atlantique (chêne vert *Quercus ilex*, érable de Montpellier *Acer monspessulanum*, astérolide épineux *Pallenis spinosa*, ophrys jaune *Ophrys lutea* par exemple), **fortement morcelée** (pistachier térébinthe *Pistachia terebinthus*, ciste à feuilles de sauge *Cistus salviifolius*, romarin officinal *Rosmarinus officinalis*, lavande *Lavandula latifolia*, asperge sauvage *Asparagus acutifolius* par

Florian Doré

Comme le lézard ocellé, le seps strié est en déclin dans la partie atlantique de sa distribution. Ceci est peu surprenant, ces deux espèces ayant des exigences écologiques proches.

exemple) ou pour lesquels les populations atlantiques sont **disjointes** de l'aire méditerranéenne (filaire à feuille étroite *Phillyrea angustifolia*, osyris blanc *Osyris alba*, scorzonaire hirsute *Scorzonera hirsuta*, cupidone bleue *Catananche caerulea* par exemple). Parmi les nombreuses questions que pose la colonisation de la façade atlantique française par les espèces méditerranéennes, celles de l'âge et des voies de peuplement méritent que l'on s'y arrête.

ÂGE DU PEUPLEMENT

Les éléments archéozoologiques manquent encore chez les espèces précédemment citées (*Timon lepidus*, *Chalcides striatus*, *Pelobates cultripes*, *Suncus etruscus*). Reconstruire l'histoire du peuplement de la France par le lézard ocellé ne peut donc se faire que de manière indirecte, notamment à partir de l'histoire des essences végétales les plus caractéristiques de son habitat. Le cas du chêne vert *Quercus ilex* peut nous y aider car :

- sa distribution coïncide très étroitement avec celle du lézard ocellé ;
- cet arbre identifie parfaitement l'aire bioclimatique méditerranéenne et ses extensions atlantiques ;
- ses peuplements sont caractéristiques des écosystèmes méditerranéens.

Dans la région méditerranéenne française, il apparaît de façon sporadique au Tardiglaciaire (– 13 300 à – 10 800 ans), en association avec d'autres espèces thermophiles comme l'amandier *Prunus dulcis*, le buis *Buxus sempervirens* ou le pin noir *Pinus nigra*. Les paysages de cette période sont toutefois dominés par le pin sylvestre *Pinus sylvestris*, les genévriers *Juniperus* spp. et par des formations steppiques à *Chenopodium* sp. et *Artemisia* sp. L'extension du chêne vert s'amorce à partir du début de la période Atlantique (vers – 7 500 ans) pour prendre toute son ampleur vers – 6 000 ans, où il devient dominant dans les paysages méditerranéens, en association avec le buis. Sur le plan culturel, cette période correspond à la transition Néolithique ancien - Néolithique moyen (passage de la civilisation Cardiale à la civilisation Chasséenne) qui se traduit par un considérable accroissement démographique et, de ce fait, une forte action anthropique sur les milieux naturels.

Végétaux accompagnant le lézard ocellé

dans sa distribution, de la région méditerranéenne à la côte atlantique

1. Espèces à répartition continue

Michel Geniez/Biotope

Chêne vert.

Michel Geniez/Biotope

Érable de Montpellier.

Michel Geniez/Biotope

Astérolide épineux.

Michel Geniez/Biotope

Ophrys jaune.

2. Espèces à répartition atlantique et méditerranéenne disjointes

Michel Geniez/Biotope

Filaire à feuilles étroites.

Michel Geniez/Biotope

Frédéric Melki/Biotope

Catananche bleue.

Michel Geniez/Biotope

Osyris blanc, ou rouvet. Méditerranéenne, cette plante se rencontre en quelques stations sur le littoral Atlantique.

3. Espèces à répartition morcelée

Pierre Grillet

Ciste à feuilles de sauge, en pleine floraison sur les dunes. Cette espèce méditerranéo-atlantique est bien présente sur les dunes de l'île d'Oléron et se rencontre généralement non loin du manteau préforestier.

Michel Geniez/Biotope

Arbousier.

Michel Geniez/Biotope

Pistachier térébinthe.

Michel Geniez/Biotope

Romarin officinal.

Frédéric Melki/Biotope

Lavande.

Michel Geniez/Biotope

Asperge sauvage.

Michel Geniez/Biotope

Chênaie verte s'étalant sur les pentes du synclinal, au-dessus de la vallée de l'Agly (Pyrénées-Orientales). La répartition géographique du lézard ocellé coïncide étroitement avec celle du chêne vert.

Sur la façade atlantique, le chêne vert apparaît dès le pré-Boréal en Gironde (– 10 300/– 8 900 ans) et durant la phase Atlantique (vers – 7 500/– 4 500 ans) en Charente. Il atteindra durant cette période sa limite spontanée actuelle sur l'île de Noirmoutier en Vendée et, au-delà, la Normandie où l'espèce n'est cependant plus présente aujourd'hui de façon spontanée. Les analyses polliniques montrent qu'il n'a jamais constitué des peuplements importants dans ces régions, ce qui est à l'image de sa distribution actuelle en Gironde, Charente et Vendée.

L'extension passée du chêne vert au-delà de sa limite actuelle et son actuelle fragmentation dans cette région suggèrent une répartition plus vaste du lézard ocellé dans le passé récent.

Ainsi la colonisation de la façade atlantique par le lézard ocellé pourrait avoir eu lieu vers – 7 500 ans, voire avant la phase Atlantique. Dans tous les cas, la présence du Lézard ocellé sur l'île d'Oléron implique une occupation du continent voisin dès – 2 500 / – 2 000 ans, date que propose Brochard (1998) pour l'insularisation d'Oléron.

VOIES DE PEUPLEMENT

La présence du lézard ocellé de part et d'autre de la Garonne pose le problème du peuplement landais. Celui-ci n'a pu se faire en effet que par deux voies (si l'on exclut un peuplement à la faveur de la côte basque, peu plausible pour des raisons climatiques et non attesté par les études phylogéographiques) :

- une progression en rive gauche du fleuve, par les piémonts nord-pyrénéens ;
- un franchissement du fleuve à partir du nord.

La première hypothèse paraît la plus plausible. En effet, plusieurs espèces méditerranéennes possèdent ou possédaient jusqu'à une époque récente des populations relictuelles en rive gauche de la Garonne (pélobate cultripède *Pelobates cultripes*, seps strié *Chalcides striatus*). Il est, de plus, difficile de concevoir un franchissement aisé de la Garonne pour ce type d'espèces. La découverte de nouvelles populations de lézard ocellé en rive gauche de la Garonne semble accréditer cette hypothèse.

Marie Daniel et Fabien Mazzocco

La colonisation de la côte atlantique, au sud de la Garonne s'est probablement effectuée à partir des populations méditerranéennes, via la rive gauche de la Garonne. De nos jours, le lézard ocellé n'occupe plus que les régions littorales de l'Aquitaine, du fait sans doute de la profonde transformation des milieux.

Sur la façade méditerranéenne, le fleuve Rhône est un bon exemple des difficultés que peut présenter un tel obstacle pour un reptile ou un amphibien. Dans ce cas précis, plusieurs espèces d'origine ibérique semblent ne pas avoir pu franchir cette barrière géographique : psamodromme algire *Psammodromus algirus*, triton marbré *Triturus marmoratus* (le franchissement par le lézard catalan *Podarcis liolepis* est très récent et a sans doute été favorisé par les infrastructures humaines). Les observations de lézards ocellés en rive gauche de la Garonne correspondent donc très certainement aux reliquats d'une répartition jadis plus importante. Ces reliquats de population sont cependant beaucoup moins nombreux en rive gauche qu'en rive droite de la Garonne, ce qui semble avoir pour causes principales le faible nombre de coteaux calcaires favorables aux espèces méditerranéennes sur les piémonts pyrénéens et, en second lieu, l'intense artificialisation des milieux naturels dans cette région (agriculture intensive de la Gascogne, boisement des Landes). Dans la grande majorité des cas, les espèces méditerranéennes se sont donc mieux maintenues en rive droite de la Garonne en raison de la présence des causses calcaires du Quercy et du Périgord qui offrent des habitats plus favorables à la persistance des espèces xérophiles.

Pierre Grillet

Le site de la Rochebeaucourt-Argentine en Dordogne, fait partie d'un ensemble de sites de pelouses sèches et plateaux calcaires favorables au lézard ocellé, en rive droite de la Garonne.

Michel Gauthier-Clerc

Le franchissement du Rhône et, au-delà, la colonisation de la Provence ne se sont sans doute pas faits par la traversée du fleuve, mais plutôt de manière passive, par la divagation, au fil du temps, des bras du Rhône. Le peuplement de l'île de Camargue (à gauche sur la photo) résulte sans doute d'un tel processus.

Le peuplement méditerranéen pose également d'intéressantes questions biogéographiques compte tenu des nombreux obstacles, en plus du Rhône, en direction de l'est. Pour atteindre la Ligurie, le lézard ocellé a dû en effet franchir les fleuves côtiers du Languedoc-Roussillon (dans l'ordre : Tech, Têt, Agly, Aude, Hérault), puis de la Provence (Rhône, Var, Roya).

La colonisation des îles provençales apporte quelques éléments d'information si l'on admet l'indigénat de l'espèce sur ces îles. Pour l'île de Ratonneau (golfe de Marseille), le seuil qui sépare les îles de la côte se situe entre – 20 et – 25 m. Le niveau de – 24 m qui marque une phase de ralentissement ou même d'arrêt momentané de la transgression versilienne (remontée des eaux après la dernière glaciation) a pu être daté vers – 5 800 ans dans la région de Marseille. La colonisation de Ratonneau par le lézard ocellé ne peut donc guère s'être faite après – 5 000 ans. De plus, la remontée des eaux a été très rapide au cours des trois millénaires suivants, le niveau actuel étant quasi inchangé depuis près de 3 000 ans dans cette région. Pour Porquerolles, les hauts-fonds situés entre l'extrémité de la presqu'île de Giens et l'île se placent vers – 14 m. L'accès terrestre à l'île n'a probablement plus pu se faire après – 4 000 ans. Ces éléments suggèrent une présence du lézard ocellé à l'est du Rhône au moins

Îles du Frioul dans le golfe de Marseille. Le lézard ocellé occupait encore l'île de Ratonneau au début du XXe siècle si l'on en croit les écrits de Marcel Mourgue. Il en a aujourd'hui disparu, de même qu'il a disparu de l'île de Porquerolles. Le peuplement de ces îles témoigne de la remontée des eaux au cours du post-glaciaire, si l'on exclut une introduction par l'homme aux périodes historiques.

à partir de – 5 000 ans. Ceci confirme les données archéozoologiques disponibles pour cette région qui attestent la présence de l'espèce dès le Magdalénien (vers -12 000 ans), dans le site de Soubeyras dans le Vaucluse.

L'hypothèse d'un peuplement plus ancien (antérieur à la dernière glaciation, vers – 85 000 ans) mérite toutefois d'être posée. Cette question vaut pour le lézard ocellé mais aussi pour de nombreuses espèces thermophiles d'origine ibérique actuellement isolées entre le Rhône et la Ligurie : seps strié *Chalcides striatus*, psammodrome d'Edwards *Psammodromus hispanicus*, couleuvre à échelons *Rhinechis scalaris*, couleuvre de Montpellier *Malpolon monspessulanus*, pélobate cultripède *Pelobates cultripes*, pélodyte ponctué *Pelodytes punctatus*, crapaud calamite *Bufo calamita*, rainette méridionale *Hyla meridionalis*, grenouille verte de Perez *Pelophylax perezi*, pour ne citer que les reptiles et les amphibiens. De fait, les obstacles que constituent les fleuves doivent être relativisés compte tenu des aménagements que ceux-ci ont subis au cours des 150 dernières années. La plupart des fleuves côtiers de la rive méditerranéenne (Tech exclu) sont en effet endigués, ce qui a eu pour effet de bloquer toute divagation des embouchures. Or le déplacement régulier des embouchures lors des fortes crues ou lors de modifications des courants marins littoraux avait pour effet de « faire passer » une espèce, animale ou végétale, d'un côté à l'autre du fleuve sans pour autant que celle-ci ait à le franchir. On a un exemple de ce mécanisme en Camargue où subsiste une petite population de lézard ocellé, jadis plus importante, qui a pu franchir le bras ouest du Rhône de cette façon, par simple modification du cours du fleuve à proximité de la mer.

Sur le plan génétique, les données préliminaires d'Octavio Paulo (2001) indiquent que deux populations françaises de lézard ocellé (plaine de la Crau à l'est du Rhône et île d'Oléron) appartiennent à une même lignée mitochondriale, identique aux populations ibériques du centre et du nord de l'Espagne (*Timon lepidus lepidus*). Les études génétiques menées sur un ensemble de populations françaises confirment l'existence d'une seule lignée mitochondriale chez les populations françaises. Ceci indique que la France (et donc l'Italie) a probablement été colonisée à partir de la seule côte méditerranéenne.

Différentes populations issues d'une même lignée

Grégory Deso

Florian Doré

Les lézards ocellés de la plaine de la Crau (en haut, un mâle, Bouches-du-Rhône) ont une même origine génétique que ceux d'Oléron (ci-dessus, un autre mâle, Oléron, Charente-Maritime).

Références

Des espèces méditerranéennes dans le centre-ouest de la France : Berroneau (2014), Cheylan (2010), Grosselet *et al.* (2011), Pottier *et al.* (2008), Thirion *et al.* (2002) – **Âge du peuplement :** Brochard (1998), Dupont (1990), Marambat (1995), Paquereau (1964), Visset (1979) – **Voies de peuplement :** Bonifay *et al.* (1971), Chaline (2007), Cheylan & Grillet (2005), Collina-Girard (1992), Pottier *et al.* (2008), Paulo (2001).

Le reconnaître

Connaître une espèce, c'est prendre le temps d'en observer les moindres détails afin d'en décrire les caractéristiques. C'est aussi apprendre comment rechercher l'animal et savoir déceler sa présence, en l'absence d'observation directe, par la découverte d'indices divers... C'est également connaître les autres espèces avec lesquelles des confusions sont possibles sur le terrain.

Florian Doré

Les traces laissées sur le sable en milieu dunaire sont une bonne indication de la présence de lézards ocellés. Attention toutefois aux confusions possibles avec d'autres lézards comme le lézard vert. Île d'Oléron.

LE LÉZARD OCELLÉ EUROPÉEN

BIOMÉTRIE

De tous les lézards présents en Europe, le lézard ocellé *Timon lepidus,* est le plus grand et le plus spectaculaire, si l'on excepte les lézards géants des îles Canaries. La longueur du corps (du bout du museau au cloaque) peut atteindre 20,3 cm chez la femelle et 24,2 cm chez le mâle pour une longueur totale de 59 et 75 cm respectivement. Le plus gros spécimen capturé (en Péninsule ibérique) pesait 345 g. Certaines données anciennes, provenant de sources inconnues et reprises par certains auteurs, mentionnent des individus atteignant 80, voire 90 cm. Ces impressionnantes mensurations n'ont pas été confirmées par des données récentes ou par des exemplaires conservés. Dans le Midi de la France, les plus gros spécimens n'excèdent pas 21,5 cm de longueur corporelle. Les plus gros individus rencontrés sur Oléron atteignent 19,5 cm pour les mâles et 17 cm pour les femelles (longueur museau-cloaque). Le plus grand individu rencontré sur cette île, capturé par Pierre Grillet, mesurait 47 cm de longueur totale pour un poids de 200 g. Ces dimensions en font l'un des plus grands lacertidés du monde, après les lézards géants des îles Canaries.

Récit de Philippe Geniez

Premier lézard ocellé et record de taille jamais battu !

*Nous sommes peut-être devenus des herpétologues chevronnés, mais que de chemin parcouru depuis notre enfance ! Michel Geniez, mon frère, et moi-même, avons écumé les alentours du Vigan, la petite ville gardoise où nous avons grandi, et où nous avons tout appris, ou presque ! Tous les animaux observés ont été consignés dans nos cahiers de terrain : espèce, date, lieu précis, nombre d'individus, âge et sexe, noms des observateurs. Dès l'âge de 15 ans, nous étions assez expérimentés, au point de reconnaître depuis longtemps déjà l'existence de deux espèces de Lézards des murailles, le vrai lézard des murailles (*Podarcis muralis*) et une autre espèce que nous appelions alors « lézard des murailles sous-espèce », et qui allait s'avérer plus tard être le « lézard espagnol » (*Podarcis hispanica*), à présent dénommé lézard catalan (*Podarcis liolepis*).*

Pourtant, notre rêve le plus fou se refusait à nous : le lézard ocellé, le plus grand et le plus beau lézard d'Europe ! Il faut dire que la représentation que nous nous en faisions était en partie faussée car il existait très peu de livres sur la nature. Mais un bel ouvrage sur les reptiles du monde illustré de magnifiques photos couleur (Reptiles / Amphibiens, collection « Beauté du Monde Animal », paru chez Larousse en 1973) nous montrait un superbe jeune Lézard ocellé qui nous faisait rêver : vert kaki rehaussé d'ocelles jaunes cerclés de noir sur le dos, et d'ocelles bleus sur les flancs. Dans ce même livre, il était écrit que le lézard ocellé mesurait à l'âge adulte 60 cm de longueur totale, et que certains spécimens pourraient même atteindre les 90 cm ! Pour nous, un lézard ocellé serait donc un énorme lézard avec des ocelles jaunes et bleus, très distincts les uns des autres, sans aucune marbrure.

*Parallèlement, une série d'observations m'intriguait : j'avais aperçu à quelques rares reprises une espèce de lézard géant extrêmement farouche, vert grisâtre piqueté de noir, un peu comme un lézard vert occidental (*Lacerta bilineata*), mais bien plus grand et plus gros. Un jour, en mai 1974, Michel vint me chercher précipitamment chez nos voisins, nous disant qu'il venait de voir un énorme lézard ocellé sur le talus rocheux, juste en dessous de notre maison. Très sceptique, je lui dis que ce devait être un de mes lézards verts géants, ce à quoi il rétorqua qu'il avait distinctement vu les ocelles bleus sur les flancs ! Alors, je me décidai à l'accompagner voir ce fameux lézard, que nous ne vîmes pas, le soir tombant.*

Le 20 mai 1974, au même endroit, un énorme « lézard vert » grimpe le talus et s'engouffre dans une fissure de rocher. Je regarde dans la fissure et je vois des écailles noires et jaunes, énormes, et la base de la queue de l'animal, d'un diamètre stupéfiant. Étant toujours persuadé qu'il s'agit d'un lézard vert géant, je faufile ma petite main dans la fissure et me retrouve tenant une tête énorme, dure et anguleuse. J'extirpe tant bien que mal ce « lézard vert géant » et c'est alors que je comprends : il s'agit bien d'un lézard ocellé avec plusieurs séries de larges ocelles bleus sur les flancs ! Déjà bien en retard à mon cours d'anglais, je remonte précipitamment chez moi, le regard triomphant, montrer cette merveille de la nature à ma mère qui n'en croit pas ses yeux ! Jamais je n'ai revu un ocellé aussi beau et aussi grand : 22 cm de longueur tête-corps, 60 cm de longueur totale, queue intacte. Nous le gardâmes en « semi-liberté » dans la maison pendant plus d'un mois. Il avait élu domicile sur l'un des fauteuils de la salle à manger, y prenant de longs bains de soleil. Ne craignant pas vraiment la proximité de l'Homme, il ouvrait largement la gueule en soufflant lorsqu'on s'approchait trop près ; il suffisait alors de lui enfourner dans la bouche un grand criquet ou une grosse sauterelle qu'il avalait goulûment. Au bout de quelques semaines, nous le laissions s'aventurer dehors, sur la terrasse : quel plaisir de manger au soleil du début du mois de juin avec ce géant trônant à côté de nous, sur le rebord d'une fenêtre ou sur un fauteuil ! Un jour, il disparut et nous ne le revîmes jamais. Nous n'avons pas de photos : seul notre souvenir persiste, désormais à travers ce petit encadré.

Variation de la robe sur un ensemble d'individus adultes photographiés en Languedoc.

Photos : Jean Nicolas

ÉCAILLURE

L'écaillure dorsale est régulière, composée de petites écailles subsphériques très légèrement carénées. Le nombre d'écailles dorsales comptées au milieu du corps varie de 60 à 88 en Espagne (Mateo 1988), 63 à 80 en France (Angel 1946) et 68 à 76 en Ligurie (Salvidio *et al.* 2011). La face ventrale comporte 10 rangées longitudinales de plaques disposées en 30 à 39 rangées transversales chez les femelles et en 27 à 35 chez les mâles (population de la Crau). Les pores fémoraux sont au nombre de 11 à 18 chez le mâle comme chez la femelle (Pérez-Mellado 1998). La gorge est délimitée par un collier fait de grosses écailles denticulées au nombre de 10 à 17 en Espagne et de 9 à 14 en France et en Ligurie. L'écaillure céphalique se caractérise par une plaque occipitale bien développée en forme de triangle isocèle, parfois fragmentée dans certaines populations (en Crau par exemple).

ROBE

Elle permet de le distinguer facilement. Le dos est fait d'un élégant semis d'écailles noires et jaunes plus ou moins agencées en forme d'ocelles chez la femelle et le subadulte. Les flancs sont ornés de belles taches bleu céruléum, disposées sur quelques

Individu quasiment dépourvu de taches bleues. Crau, Bouches-du-Rhône.

Grégory Deso

Écailles de la face ventrale.

La face ventrale est de couleur blanc crème uni, sans aucune marque. Le collier est bien visible.

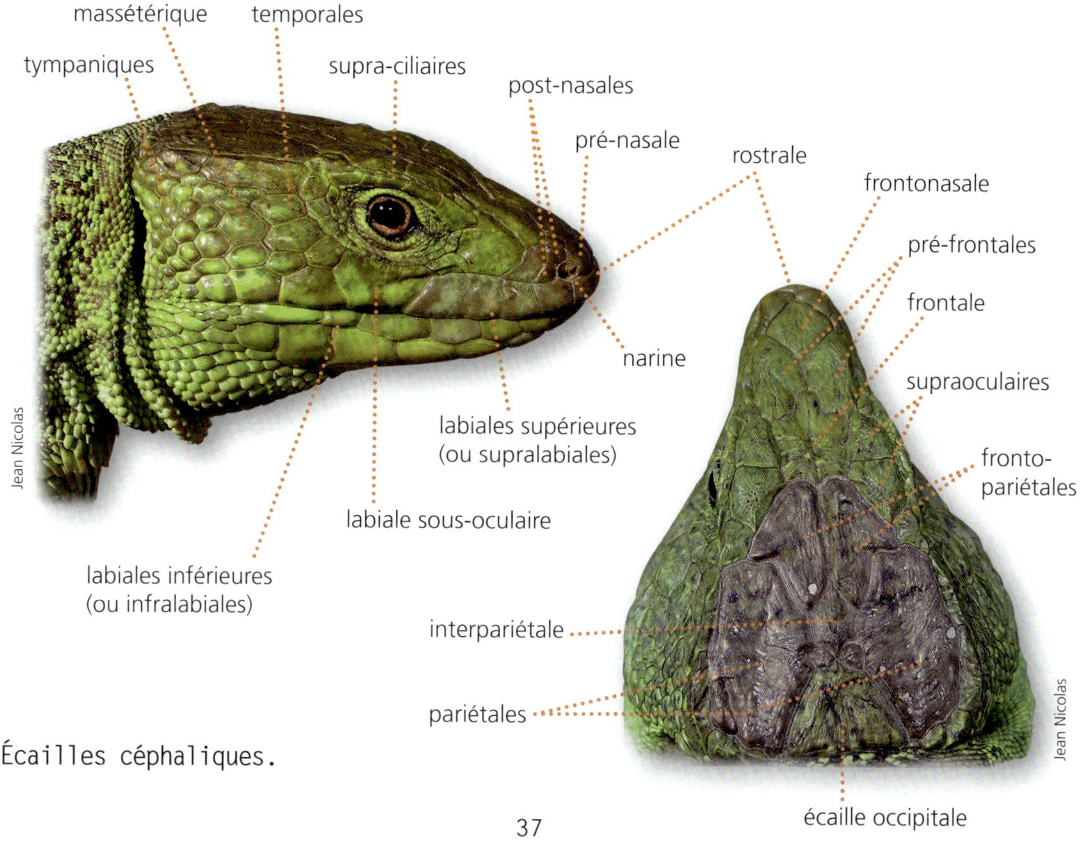

Écailles céphaliques.

rangées (2 à 4 généralement), rehaussées d'un cerne noir qui s'estompe avec l'âge. Le dessus du cou est souvent marqué par une coloration grisâtre. La face ventrale présente une coloration blanc cassé parfois à peine verdâtre, unie, invariable, sans motif sombre (sauf exceptions). Cette coloration se conservera tout au long de la vie du lézard, avec parfois une nuance jaune chez certaines femelles adultes. Les plaques mentonnières, les labiales et parfois le haut de la gorge sont d'une teinte jaune moutarde verdâtre caractéristique de *Timon lepidus* (cette région est blanche chez *T. nevadensis*, bleu clair chez *T. tangitanus* et souvent jaune citron entouré de bleu clair chez *T. pater*). L'iris est jaune d'or chez le jeune (pas toujours facile à voir chez les nouveau-nés) et rougeâtre chez l'adulte. Les individus éloignés de la zone méditerranéenne semblent d'une manière générale plus sombres. C'est le cas pour les lézards ocellés du nord-ouest de l'Espagne et probablement aussi pour ceux observés dans le Lot (Gilles Pottier, com. pers.), la Dordogne et le sud de la Charente-Maritime.

Chez les nouveau-nés, la robe est invariablement marron pâle, grisâtre, beige parfois légèrement cuivrée. Elle s'orne d'ocelles crème cerclés de noir sur la partie dorsale et d'ocelles bleu très pâle presque blanc sur les flancs. Le jeune lézard gardera ce motif, fondamentalement marron, jusqu'au sortir de l'hibernation. Les premières écailles labiales peuvent parfois se teinter d'un jaune moutarde dès l'automne.

À la sortie de l'hibernation, on voit se dessiner chez les jeunes un tout premier changement avec l'apparition d'une couleur de fond qui vire au vert sombre, voire au vert bouteille. Ce changement débute toujours par les premières écailles labiales, d'abord blanchâtres, puis devenant franchement jaunes. Le centre des ocelles dorsaux vire franchement au jaune vert très clair. Lors de la première mue, le motif dorsal du jeune lézard ocellé conserve le motif du nouveau-né mais les contrastes s'affirment : la couleur bleue des ocelles latéraux commence à se révéler à la racine des écailles, principalement chez le mâle. Le contour noir des ocelles dorsaux paraît plus large et plus sombre.

En avril-mai, le jeune lézard ocellé est en pleine croissance. Le bleu des ocelles latéraux se renforce et, particularité intéressante, le contour noir qui les isolait les uns des autres forme dès lors un motif en réseau, de sorte que ces ocelles deviennent jointifs, formant de larges bandes sinueuses sombres transversales du plus bel effet.

En juin-juillet, le motif dorsal apparaît plus géométrique, rappelant certains motifs Aztèques ou Mayas. En y regardant de près, le dessin s'organise en respectant de plus en plus la trame de l'écaillure, chaque écaille possédant sa propre couleur (il n'y a pas d'écailles bicolores sur le corps). À ce moment, une composante jaune paille apparaît dans la couleur de fond, se substituant progressivement à la teinte verte printanière, d'où un mimétisme accentué avec le dessèchement de la végétation.

Les mâles arborent déjà de beaux ocelles bleus sur les flancs, plutôt bleu pâle chez la femelle. Ils ne se différencient pas encore des femelles sur le plan morphologique, excepté la base de la queue, plus élargie chez le mâle.

En fin d'été, le jeune lézard ocellé est globalement brun clair. Le motif dorsal présente souvent un schéma « zébré » qui s'organise en bandes transversales d'ocelles liés entre eux. En moyenne, deux à quatre écailles séparent les zones dorsales claires des zones sombres, vestige du motif juvénile.

Le deuxième printemps voit s'établir les caractères sexuels secondaires. Après la mue de sortie d'hibernation, le lézard ocellé arbore un splendide ton vert sombre qui s'éclaircira au fil du printemps. Les variations du motif dorsal se montrent bien plus discrètes comparativement à celles du premier printemps : le dos se ponctue davantage d'écailles noires venant s'insinuer dans les zones claires, donnant un aspect plus marbré ou moucheté au lézard. Les bandes sombres transversales commencent à se fondre dans le motif général.

De la naissance à l'âge adulte

une robe très changeante

1. À la naissance, les nouveau-nés sont de couleur brune, parsemés d'ocelles blanc crème sur l'ensemble du corps. Limogne-en-Quercy, Lot.

Gilles Pottier

2. Jeune dans son premier printemps : les ocelles sont très marqués et fortements cerclés de noir. Bassin du Salagou, Hérault.

Jean Nicolas

3. Jeune dans son premier été : sa robe est teintée de jaune. Bassin du Salagou, Hérault.

Jean Nicolas

4. Jeune femelle de deuxième printemps, âgée d'environ un an et demi : sa robe est très marbrée.

Florian Doré

5. Ce mâle arbore une robe typique de l'espèce avec quelques séries d'ocelles bleus bien marquées. Oléron. Florian Doré

À propos de la tâche nuchale grise (la « selle »)

Chez les mâles adultes et dans une moindre mesure chez les femelles, la région nuchale se distingue par une couleur uniforme qui tranche avec le motif dorsal. Cette particularité semble assez constante dans les populations du sud de la France. Cette « tache nuchale » ne commence vraiment à apparaître qu'à la fin du second printemps. Elle ne présente pas encore une coloration uniforme : les vermiculations, aux différents stades décrits précédemment, sont encore visibles, mais celles-ci présentent alors une teinte grise à vert plombé caractéristique. La dimension de cette « selle » est globalement égale à une demi-longueur de tête, mais peut s'étendre davantage selon les cas.

Dans certaines populations, cette « selle nuchale » peut faire majoritairement défaut : dans ce cas, le motif dorsal parvient jusqu'à la base du crâne. Dans d'autre cas, cette selle nuchale peut s'étendre de façon spectaculaire.

Jean Nicolas

Selle nuchale bien visible chez cette femelle. Cazevieille, nord de Montpellier, Hérault.

Au cœur de l'été, la partie antérieure des mâles forcit, particulièrement la tête. Le bleu des ocelles latéraux s'avive. Proportionnellement, le corps des femelles s'allonge plus que celui des mâles. Elles conservent sur le dos un motif fait de gros ocelles rappelant celui des juvéniles. Le cycle chromatique des zones corporelles claires de l'animal suit le même schéma que celui de l'année précédente : jusqu'à fin juin, ce sont les tons vert clair qui dominent, virant ensuite au jaune souffre pour devenir jaune paille, miel et enfin, fin août début septembre, presque marron.

Au cours du troisième printemps, le lézard ocellé atteint sa pleine maturité. Les mâles développent de somptueux et larges ocelles bleus céruléum pouvant aller jusqu'au bleu nuit alors que les marbrures du dos deviennent de plus en plus fines au détriment des ocelles jaunes qui disparaissent totalement. Les femelles sont tout aussi belles, avec cependant des ocelles bleus moins étendus, sauf exceptions. Elles gardent plus longtemps le souvenir du motif juvénile initial.

Dans les années qui suivent, les ocelles latéraux s'amenuisent et peuvent même disparaître chez certains individus. Les variations saisonnières de la teinte des zones claires persisteront en revanche tout au long de la vie de l'animal. Les écailles dorsales des individus âgés ont une coloration moins bien individualisée. Elles présentent, par exemple, une racine sombre alors que l'apex de l'écaille reste clair (jaune), donnant un motif plus confus, moins géométrique.

En résumé, deux évolutions s'observent au fil du temps : une évolution de la structure du motif dorsal, fonction de l'âge de l'animal et de sa taille, et une évolution de la couleur de fond liée à la saison.

DIMORPHISME SEXUEL

Lorsque les individus sont jeunes, le seul critère fiable pour déterminer les sexes repose sur le nombre de rangées d'écailles ventrales. Ce nombre varie généralement de 30 à 39 chez les femelles et de 27 à 35 chez les mâles. Ceci laisse donc une marge d'incertitude chez certains individus.

De façon générale, le mâle est plus long que la femelle (longueur moyenne du corps 162 mm contre 150 mm chez la femelle, Mateo 1988). Il s'en distingue surtout par une tête large et massive, par la base de la queue renflée et des pores fémoraux développés. Le développement des muscles masticateurs accentue chez le mâle l'aspect massif de la tête. Les femelles présentent une tête plus petite (beaucoup moins large), et des ocelles bleus moins vifs, bien que des mâles

Dimorphisme sexuel

Le dimorphisme sexuel est bien visible sur cette photo (mâle à gauche). Oléron, Charente-Maritime. Florian Doré

Jean Nicolas

Vue dorsale.
Mâle à gauche, femelle à droite.

Jean Nicolas

Vue ventrale. Mâle à gauche, femelle à droite.
Chez le mâle, l'hypertrophie des pores fémoraux et le renflement à la base de la queue indiquent l'emplacement des pénis. Chez la femelle, la plaque anale est plus large.

Sur ce couple, le dimorphisme sexuel est peu marqué, hormis la largeur de la tête du mâle et la grosseur du ventre de la femelle. Dans ce cas, les ocelles sont exceptionnellement plus développés et plus vifs chez la femelle. Aniane, Hérault, 23 avril 2014.

L'immobilisation des animaux a été faite par simple manipulation… et beaucoup de patience.

avec des ocelles bleus moins marqués que ceux des femelles puissent être observés. Gravides, les femelles présentent un corps très gros et dilaté.

Les mâles sont plus grands que les femelles, bien que, chez celles-ci, la longueur corporelle soit plus importante. Cette caractéristique anatomique augmente la capacité des femelles à porter les œufs, qui sont gros et nombreux chez le lézard ocellé. Sur l'île d'Oléron, la tête du mâle représente 26,5 % de la longueur du corps contre 21,5 % chez la femelle.

LES LÉZARDS OCELLÉS DU NORD-OUEST DE LA PÉNINSULE IBÉRIQUE

Dans le nord-ouest de la péninsule Ibérique, la sous-espèce *Timon lepidus iberica* se distingue par une taille assez petite (La taille moyenne pour les mâles est de 148 mm du museau au cloaque et de 130 mm pour les femelles), et une coloration dorsale verte à dominante sombre, alors que la sous-espèce *Timon lepidus oteroi* propre à l'île de Sálvora, présente une taille moyenne intermédiaire entre les deux autres sous-espèces, un nombre moins importants de pores fémoraux et plus de dents que chez *iberica* et *lepidus*. La coloration dorsale est plus sombre que celle des lézards continentaux, mais semblable à celle des lézards ocellés de la côte de Galice.

LE LÉZARD OCELLÉ DE LA SIERRA NEVADA *TIMON NEVADENSIS* (BUCHHOLZ, 1963)

Bien que la position systématique du lézard ocellé de la Sierra Nevada soit encore en débat, il semble difficile de passer sous silence les caractères qui le différencient du lézard ocellé européen. De loin, il offre un aspect terne et monochrome, bien différent du lézard ocellé européen. La tête est allongée et devient très sombre chez les vieux individus. Elle présente un aspect rugueux rappelant la texture d'une écorce. Les ocelles sont plus pâles, généralement non ourlés de noir.

BIOMÉTRIE

Le lézard ocellé de la Sierra Nevada est généralement plus grand que le lézard ocellé européen. Mateo (1988) donne une longueur museau-cloaque de 175 mm en moyenne chez le mâle (min 135, max 227), et de 153 mm chez la femelle (min 136, max 187). La tête est plus allongée (51 mm en moyenne chez le mâle contre 43 mm chez *Timon lepidus*). Elle représente ainsi 29 % de la longueur du corps chez le mâle de *Timon nevadensis* contre 26 à 27 % chez *Timon lepidus*.

ÉCAILLURE

Timon nevadensis se caractérise par des écailles dorsales plus nombreuses (77 écailles autour du corps en moyenne, min 68 max 86), par un plus petit nombre d'écailles ventrales longitudinales (en moyenne 8, comme *Timon pater*, contre 10 généralement chez *Timon lepidus*) et par un plus grand nombre de pores fémoraux : moyenne 15 (min 12 max 18). Au niveau de la tête, il se différencie par une plaque occipitale plus petite et plus étroite.

ROBE

Juvénile : sa robe est typiquement bariolée et contrastée. Les écailles labiales sont barrées de noir verticalement, le ventre est irrégulièrement tacheté de noir, particulièrement dans sa bordure externe. La gorge et les écailles mentonnières sont soulignées de noir également.

La face dorsale est brun chocolat très sombre, avec deux rangées d'ocelles dorsaux alignées, plus marqués que les autres, qui s'ouvrent sur le plan perpendiculaire de façon spectaculaire chez les populations les plus typées. La partie centrale des ocelles dorsaux est de couleur blanc cassé très clair, ce qui, combiné avec le rebord sombre de l'ocelle, confère aux jeunes sujets un aspect particulièrement bariolé.

Ce motif s'atténue au fur et à mesure que le lézard grandit. Il n'en subsistera, au stade adulte, qu'un motif fondu dans la coloration dorsale, et ce, uniquement chez les jeunes femelles.

Photos : Jean Nicolas

Timon nevadensis :

Ci-dessus : au printemps, les mâles dominants arborent des couleurs particulièrement vives. Los Carasoles, Andalousie.

Au centre : l'allongement de la tête est manifeste.

En bas : juvénile avant l'hiver. Los Carasoles, Andalousie.

Adulte : il se singularise par une gradation subtile de la teinte de fond dorsale.

La partie antérieure du corps est invariablement gris perle à gris souris, unie, sur une longueur variant d'une à deux longueurs de tête. La partie médiane du corps est brune, irrégulièrement saupoudrée d'écailles vert pâle. Quant à la partie postérieure du corps, elle est généralement brunâtre ou grisâtre, parfois brun sombre.

Les ocelles latéraux sont souvent de dimensions variées, parfois très étendus, parfois très réduits. Ils sont d'un bleu généralement très clair, parfois verts, et ce, indifféremment chez le mâle ou chez la femelle. Ces ocelles sont généralement clairs sur fond sombre, à l'opposé de ceux du lézard ocellé européen pour lequel ils paraissent plutôt sombres sur fond plus clair. La queue s'inscrit dans la continuité chromatique de la partie postérieure du lézard. Assez souvent, elle s'orne d'un net motif annelé, à la manière de certains lézards tropicaux (iguanes, agames, téjus ...). La face ventrale est toujours d'un blanc nacré uniforme, rarement lavée de bleu très pâle vers les bords externes.

RISQUES DE CONFUSION AVEC LES LÉZARDS DU GENRE *LACERTA*

Ils sont réduits compte tenu de la spécificité du lézard ocellé. Chez l'adulte, plusieurs critères permettent de distinguer le lézard ocellé du lézard vert occidental *Lacerta bilineata*, seule espèce pouvant être confondue à la première vue en France et en Italie. Le lézard vert occidental est d'une taille inférieure, généralement moins de 13 cm du bout du museau au cloaque. Il n'arbore pas d'ocelles bleus sur les flancs et présente une coloration généralement assez unie, vert vif. Les mâles et parfois les femelles peuvent présenter une gorge d'un bleu souvent bien prononcé durant la période de reproduction, ce qui ne s'observe jamais chez le lézard ocellé. La robe du lézard vert occidental est majoritairement d'un vert bien

Florian Doré

Couple de lézard vert (mâle en premier plan) en phase de thermorégulation dans une lande. Maisontiers, Deux-Sèvres.

marqué ; celle du lézard ocellé, hormis les écailles noires, est plus claire et dominée par le jaune ou le vert clair. Observé à distance, le lézard ocellé immobile aura tendance à avoir le plus souvent la tête bien redressée tel un « chien de garde », ce qui est rarement le cas chez le lézard vert occidental. Contrairement aux juvéniles de lézard ocellé, ceux de lézard vert occidental sont de couleur brun beige uniforme avec la gorge teintée de vert pomme.

En péninsule Ibérique, le lézard ocellé peut être confondu avec le lézard de Schreiber *Lacerta* *schreiberi* qui s'en distingue toutefois par de nombreuses caractéristiques. De taille équivalente au lézard vert occidental, le lézard de Schreiber est généralement vert avec de petites taches noires chez le mâle. Les femelles sont brunâtres avec des taches foncées. L'écaille occipitale du lézard de Schreiber est plus étroite que chez le lézard ocellé.

Thomas Menut/Biotope

Thomas Menut/Biotope

Lézard de Schreiber. En haut, mâle adulte, Espagne ; en bas, juvénile, Sierra de Estrella, Portugal.

Jean Nicolas

Cette femelle, entièrement verte et aux ocelles à peine visibles, peut aisément être prise pour un lézard vert. Il s'agit bien pourtant d'un lézard ocellé, photographié près de Nizas, Hérault.

OBSERVATION ET INDICES DE PRÉSENCE

Gilles Pottier

Tête dressée, le lézard ocellé repère de loin tout danger. Il est rare de le surprendre, sauf à l'observer de loin avec des jumelles. Le Mas d'Azil, Ariège.

Comme la plupart des reptiles, il faut bien choisir l'heure et la saison pour observer le lézard ocellé. Le printemps est la période la plus favorable (avril à juin), en particulier lorsque les températures sont encore douces (15-20 °C) ce qui contraint les animaux à s'exposer de longs moments pour capter au mieux le rayonnement solaire. S'agissant d'une espèce thermophile, on pourra aussi l'observer lors de journées chaudes, mais pas par des températures caniculaires (supérieures à 25-28° C) qui l'amènent à rester à l'abri une bonne partie de la journée.

Récit de Grégory Deso, Prunières (Hautes-Alpes), 2 juillet 2009.

Une recherche qui peut s'avérer très difficile…

En 2009, décidé à chercher le lézard ocellé dans le département des Hautes-Alpes, je me suis rapproché de Marc Cheylan pour cibler les secteurs à actualiser et, pourquoi pas, essayer de trouver de nouvelles populations dans ce département. Nous avions conclu dans un premier temps d'actualiser les données de Prunières.

Le lendemain matin, je me rends sur le site dès 8 heures. Ayant l'habitude de chercher cette espèce, je suis confiant et pense pouvoir détecter rapidement un individu. Je commence donc à observer les zones les plus favorables en espérant identifier un individu en thermorégulation. Après deux heures de recherche, aucun lézard ocellé en vue… Étonnant, il n'y a pas de raison, les milieux sont bons, il doit être là… Le temps s'écoule dans les belles steppes duranciennes. Je me rends alors vers un fourré isolé dans cette étendue steppique, et là bingo ! Une fuite de gros lézard ! Je m'approche, je regarde à travers les branches : déception, ce n'est qu'un lézard vert… Déçu, je repars à la recherche du lézard ocellé.

Il est déjà 10 heures 30 et je songe à la désagréable sensation de repartir bredouille. Je marche inlassablement tous les sens en éveil, mais rien. Onze heures… je commence à me démotiver… Dépité, je rejoins des lisières épaisses à pruneliers enclavées dans une ravine en quête de vipères aspic à photographier en guise de consolation… Je commence à prospecter lentement le long des lisières dans l'espoir de trouver une vipère. Au bout de quelques mètres, je provoque une fuite de lézard qui fonce dans la lisière. Sans trop réfléchir, je me dis qu'il s'agit d'un lézard vert ! Le phénomène se reproduit encore une fois mais cette nouvelle fuite m'intrigue… Je décide de m'éloigner et observer à distance. Sans succès… Au bout de 10 minutes, je décide de m'approcher, ce qui provoque une nouvelle fuite de lézard. Mais au cours de laquelle il m'a semblé apercevoir une coloration bizarrement marbrée sur le dos. Voyant à peu près le lieu du repli au cœur de la lisière, j'entre ma main dans un ancien terrier, « a priori de rongeur ». De là, j'extrais une grosse femelle gravide, encore toute chaude suite à sa thermorégulation !

Les lézards ocellés du secteur semblent préférer les lisières aux espaces nus habituels à l'espèce… Si l'espèce n'avait pas été connue du secteur, j'aurais très certainement fait preuve de moins de persévérance et je serais passé à côté de cette population. Par la suite, ce type de recherche se révéla fructueux dans les Hautes-Alpes où je découvrirai l'espèce sur plusieurs communes du département.

Le lézard ocellé possède une très bonne vue et détecte le moindre mouvement à plusieurs dizaines de mètres. Il est également sensible aux vibrations transmises par le sol. Il convient donc de se déplacer lentement et silencieusement. Comme souvent chez les reptiles, le bruit engendré par la fuite d'un individu dans l'herbe ou un buisson permet de détecter sa présence. Bien qu'il soit le plus souvent difficile de distinguer, par ce moyen, un lézard vert d'un lézard ocellé. Dans ce cas, le mieux est de s'éloigner un peu et d'attendre que l'animal réapparaisse, ce qu'il fait en général peu de temps après sa fuite. Des jumelles peuvent alors s'avérer fort utiles.

Comparativement aux autres lézards, le lézard ocellé est farouche, ce qui complique sa détection. Il passe donc souvent inaperçu, particulièrement sur les sites où les populations sont en faibles densités. À la vue d'un intrus, sa première réaction est de fuir vers son gîte principal ou vers un abri temporaire. Dans certains cas, il peut arriver que les individus surpris, n'ayant plus de possibilité de retrait, choisissent de faire face, tête dressée et gueule ouverte. Dans d'autres cas, le lézard ocellé peut grimper à un arbre, souvent jusqu'à sa plus haute extrémité.

Traces de Lézard ocellé

Florian Doré

Lambeaux de mue abandonnés dans la dune grise…

Florian Doré

… ou dans le sable. Oléron.

Florian Doré

Crotte contenant des élytres de coléoptères.
Bussac-Forêt, Charente-Maritime.

Florian Doré

Le parcours du lézard ocellé est révélé par ses traces.
Soulac, Gironde.

Les crottes et les traces permettent parfois de détecter la présence de l'espèce. Les crottes se trouvent généralement à proximité des gîtes occupés. Elles sont de forme cylindrique et mesurent 3 à 5 cm de long pour un diamètre de 0,7 à 1 cm. Elles sont de couleur noire virant au brun gris lorsqu'elles sont moins récentes. Dans quelques rares populations comme celle d'Oléron, elles deviennent rougeâtres en été du fait de la consommation de baies rouges. Elles possèdent une partie blanche composée de cristaux d'urée à une des extrémités. Cette partie peut disparaître sur les excréments anciens. Comme chez tous les lacertidés, les crottes de lézard ocellé dégagent une forte odeur. Les risques de confusion sont possibles avec les crottes de lézard vert lorsqu'elles sont de taille moyenne.

En milieu dunaire ou sablonneux, le passage d'un lézard se repère facilement en raison des traces laissées au sol. Elles se caractérisent par une traînée centrale occasionnée par le ventre et la queue, parfois bordée de la marque des pattes si le sable est très sec et meuble. Qu'il s'agisse du lézard ocellé ou du lézard vert occidental, ces marques sont très semblables. La découverte d'une trace constitue donc plutôt un indice qui devra être confirmé par une observation directe. Les traces laissées par certains serpents sont très sinueuses, en forme de lacets assez rapprochés. Elles peuvent être un peu plus rectilignes lorsque le serpent fuit mais n'offrent que la trace laissée par le corps.

On peut aussi repérer le lézard ocellé en trouvant des restes de mue. Le plus souvent, c'est sous les pierres ou les abris occupés par le lézard que l'on découvre des lambeaux de peau. Les mues de lézard ocellé peuvent se distinguer des mues de lézard vert occidental par la largeur et le nombre d'écailles ventrales (8 à 10 chez le lézard ocellé, généralement 6 chez le lézard vert occidental, parfois 8).

Références

Identification : Arnold & Burton (1978), Cheylan & Grillet (2004), Mateo (1988, 2011), Matz & Weber (1983) – **Les lézards ocellés du nord-ouest de la péninsule Ibérique :** Galán (2003) - Dimorphisme sexuel : Bischoff *et al.* (1984).

Bien que très discret, le lézard ocellé est souvent trahi par ses traces en milieu dunaire. Oléron.

Florian Doré

Joseph Celse

La plaine des Maures dans le Var offre un terrain de choix au lézard ocellé. Les affleurements de grès lui servent de poste d'observation et de refuge sûr en cas de menace.

Partie 2

Un hôte des garrigues et maquis méditerranéens

Situation de l'espèce au fil des régions

L'aire de répartition du lézard ocellé est de mieux en mieux connue. Au cours des dix dernières années, d'importantes prospections ont été menées en Espagne, Portugal, Italie, France, afin de préciser son extension géographique. Ceci permet aujourd'hui de tracer avec une bonne précision les zones occupées par l'espèce et les zones d'où elle semble être absente. Nous détaillerons tout particulièrement l'état des connaissances en France où de très nombreuses découvertes ont été réalisées ces dernières années.

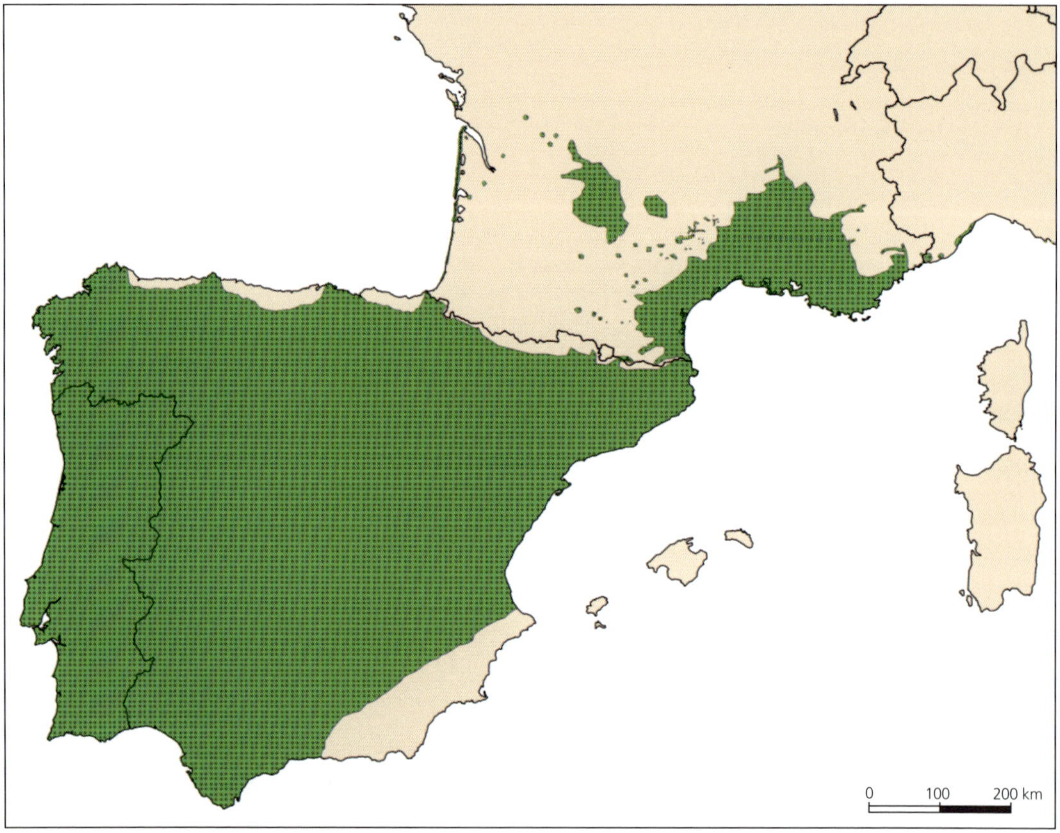

Répartition du lézard ocellé *Timon lepidus*.

RÉPARTITION DU LÉZARD OCELLÉ EN DEHORS DE LA FRANCE

Le lézard ocellé n'occupe que le sud-ouest de l'Europe. On le rencontre dans une bonne partie de la péninsule Ibérique, dans le sud et l'ouest de la France ainsi que dans l'extrême nord-ouest de l'Italie.

PORTUGAL

Le lézard ocellé occupe l'ensemble du Portugal, avec des variations d'abondance liées à la nature du paysage et des habitats. De façon générale, il est mieux représenté dans les parties montagneuses et rocheuses du nord du pays que dans les zones de plaine du centre et du sud où il est aujourd'hui

Dressé à la sortie de son gîte, ce magnifique mâle laisse admirer le détail de son écaillure. Var. Joseph Celse

La pointe de Sagres, le bout de l'Europe à l'extrême sud-ouest du Portugal, présente des escarpements rocheux et une végétation éparse très favorables au lézard ocellé.

devenu rare. Il est connu également de longue date sur l'île de Berlenga au large de la ville de Peniche, où sa population était évaluée aux alentours de 200 individus au début des années 1980. Malgré les opérations de sauvegarde menées en faveur de cette population, il ne restait plus que 10 à 20 individus sur l'île en 2001. Aujourd'hui, cette population semble proche de l'extinction voire déjà éteinte.

ESPAGNE

Le lézard ocellé est présent dans la plus grande partie du pays, à l'exception des parties montagneuses humides du nord : Galice, Asturie, Pays Basque, où il est relégué à certaines vallées à affinités méditerranéennes comme la vallée de La Liébana (Cantabrie). Il est donné rare et très localisé en Asturie, Cantabrie, Biscaye et Guipuzcoa. Il fait également défaut dans les Pyrénées à très haute altitude et dans les sierras centrales. Partout ailleurs, il est considéré comme très commun, bien que des effondrements de population aient été rapportés ces dernières années dans plusieurs régions espagnoles.

On le rencontre également sur un certain nombre d'îles et îlots de la façade atlantique : Sálvora (La Corogne), Ons (Pontevedra), San Martín (Cies-Pontevedra), Monteagudo (Cies-Pontevedra), Faro (Cies-Pontevedra), Arosa, Toja Grande, Cortegada, d'A Toxa (Pontevedra), et méditerranéenne : Paloma (Murcie), Olla, Mitjana, Tabarca et îlot de Altea (Alicante).

Michel Geniez/Biotope

Dehesa près de la Tour de Montfragüe, Extrémadure, Espagne. La dehesa est une forêt où les chênes sont suffisamment espacés pour laisser la place au pâturage. Un habitat d'une richesse exceptionnelle, notamment pour les oiseaux, les amphibiens et les reptiles.

En Andorre, le lézard ocellé a été cité aux environs de Sant Julià de Lòria au sud de la principauté. À Gibraltar, il était connu jusqu'au début du XXe siècle mais il est désormais considéré comme éteint de la partie britannique.

ITALIE

En Italie, le lézard ocellé était connu le long de la côte ligure, depuis Vintimille à l'ouest jusqu'à Portofino à l'est de Gênes. Sa présence historique dans la région de Gênes est attestée par un individu mâle, récolté en 1868 entre Portofino et Santa Margherita et conservé au muséum d'histoire naturelle de Gênes. Toutefois, sa présence dans la région n'a pas été confirmée par des observations récentes ce qui amène les herpétologues italiens à le considérer éteint de cette partie de la Ligurie. Actuellement, l'espèce est présente dans une étroite frange littorale, plutôt discontinue, située entre les Alpes et la Méditerranée en région ligure. Trente-quatre localisations ont été répertoriées par Salvidio *et al.* (2004) : 14 dans la province d'Imperia, 18 dans la province de Savone et 2 dans la province de Gênes. Depuis cet article, une dizaine de sites nouveaux ont été répertoriés le long de la côte entre Vintimille et Savone.

Actuellement, le site le plus élevé se situe sur le Mont Testa d'Alpe, près de la frontière avec la

Le lézard ocellé dans les îles de Galice

Les îles Cies en Galice accueillent d'importantes populations de lézard ocellé (avec Oléron, les seules populations insulaires atlantiques).

Dans le nord-ouest de l'Espagne, la Galice compte de nombreuses petites îles faisant partie des « Rías baixas galiciennes » regroupées au sein de plusieurs archipels. Créé en 2002, le parc national maritime-terrestre des îles atlantiques de Galice regroupe quatre archipels du sud au nord : les îles Cies à l'entrée de la Ría de Vigo, les îles d'Ons proches de la Ría de Pontevedra, les îles de Sálvora et Cortegada au niveau de la Ría de Arousa. Certaines d'entre elles sont séparées du continent probablement depuis 7 000 à 9 000 ans, c'est-à-dire à l'issue de la dernière glaciation. Bien que localisés dans une région où domine le climat océanique, les archipels des Cies, d'Ons et Sálvora présentent un climat de type méditerranéen subhumide à tendance atlantique. Cette influence méditerranéenne se fait moins sentir sur l'archipel de Cortegada (2 000 mm de précipitations annuelles sur Cortegada contre 1 000 mm pour les îles Cies et 1 500 mm pour Ons et Sálvora). Il s'agit d'îles de petite taille. La plus grande du parc national, Ons, atteint 428 ha. C'est aussi selon Galán (2003), celle qui abrite le plus grand nombre d'espèces de reptiles et d'amphibiens (10 espèces dont 7 de reptiles). L'île de Sálvora (187 ha), la troisième en superficie, présente un intérêt particulier pour le lézard ocellé. C'est en effet sur cette île qu'une sous-espèce de lézard ocellé a été décrite par Mateo & Castroviejo (1991) : *Timon lepidus oteroi.*

Neuf espèces de reptiles sont présentes sur ces îles. Outre le lézard ocellé, la coronelle girondine, l'orvet fragile et le seps strié se trouvent sur les 4 archipels. On retrouve également le lézard catalan (absent de Cortegada), le lézard de Bocage (uniquement présent sur Cortegada), le seps de Bedriaga (uniquement présent sur les îles Cies), la couleuvre à échelons (uniquement présente sur les îles de Ons) et la couleuvre vipérine (sur les îles Cies et Ons).

Il est remarquable de constater la présence du lézard ocellé sur l'île de Cortegada malgré l'absence d'influences méditerranéennes marquées. Mais on note la présence sur cette île d'au moins 3 espèces de reptiles méditerranéens avec la coronelle girondine, le seps strié et le lézard ocellé.

Références : Dias *et al.* (2000), Galán (2003), Mateo & Castroviejo (1991).

France (Oneto et Ottonello, données inédites dans Salvidio *et al.*, 2011).

La région ligure, possède des caractéristiques climatiques très similaires à celles des Alpes-Maritimes françaises. La présence du lézard ocellé y est très sporadique, liée à des crêtes dénudées, des zones de maquis, des fonds de vallée caillouteux, des terrasses cultivées (oliviers), des pinèdes, des carrières. Entre Savone et Gênes, la pluviométrie devient plus importante, marquant un changement dans les conditions climatiques qui passent de méditerranéennes à sub-méditerranéennes. Cette discontinuité climatique peut probablement expliquer le fait que les populations les plus orientales soient les plus dispersées et les plus exposées au risque d'extinction. Cette limite géographique de diffusion est aussi observée pour d'autres reptiles d'origine ibéro-occitane comme par exemple *Malpolon monspessulanus* et *Chalcides striatus* et aussi pour l'amphibien *Pelodytes punctatus*, qui, par ailleurs, a aussi disparu récemment du territoire de Portofino.

Florian Doré

Le site Natura 2000 de Pompeiana en Ligurie est une des dernières stations connues de lézard ocellé en Italie. Les pentes bien exposées avec terrasses et murets de pierres sont très propices à l'espèce.

Michel Geniez/Biotope

Au-dessus de la vallée de la Têt, à Évol, près d'Olette, Pyrénées-Orientales.

Les recherches menées dans cette région montrent que les populations de lézard ocellé y sont en déclin du fait des pressions d'urbanisme auxquelles elles sont confrontées, ainsi que de la fermeture de la végétation liée à l'abandon de l'élevage traditionnel ovin ou bovin.

LA SITUATION EN FRANCE

Les populations françaises se décomposent aujourd'hui en trois entités largement distinctes : une entité méditerranéenne plus ou moins continue, une entité « lotoise » centrée sur le causse de Gramat, et une entité atlantique faite de petites populations littorales plus ou moins discontinues. Ces deux dernières entités sont à l'évidence les reliquats d'une distribution jadis continue entre la Méditerranée et l'Atlantique. Les populations relais situées le long de cet axe constituent en effet les témoins de cette continuité, sous forme de populations isolées d'étendue variable, situées à plus ou moins grande distance de l'aire méditerranéenne.

RÉGION MÉDITERRANÉENNE

L'espèce est présente de façon quasi continue dans la région méditerranéenne, de la frontière espagnole jusqu'à la frontière italienne. La Drôme et l'Isère marquent la limite d'extension du lézard ocellé le long de la vallée du Rhône. Cette limite est à peu près symétrique de part et d'autre du fleuve.

Dans les **Pyrénées-Orientales**, le lézard ocellé est bien représenté dans les milieux favorables de moyenne et basse altitude. Il pénètre profondément la chaîne pyrénéenne à la faveur de la vallée de la Têt et de ses affluents, jusqu'à Nyers en fond de vallée et jusqu'au Mas de la Trape dans la vallée de Cabrils. Cette population est disjointe de la population située dans la haute vallée du Segre, aux environs de Err, de Llivia et de Latour-de-Carol, rattachée aux populations espagnoles. Dans la vallée du Tech, l'espèce a été observée jusqu'à Prats-de-Mollo.

Dans le département voisin de l'**Aude**, le lézard ocellé est assez commun, hormis sur les hauteurs

Michel Geniez/Biotope

Paysage des Corbières, près de Talairan, Aude.

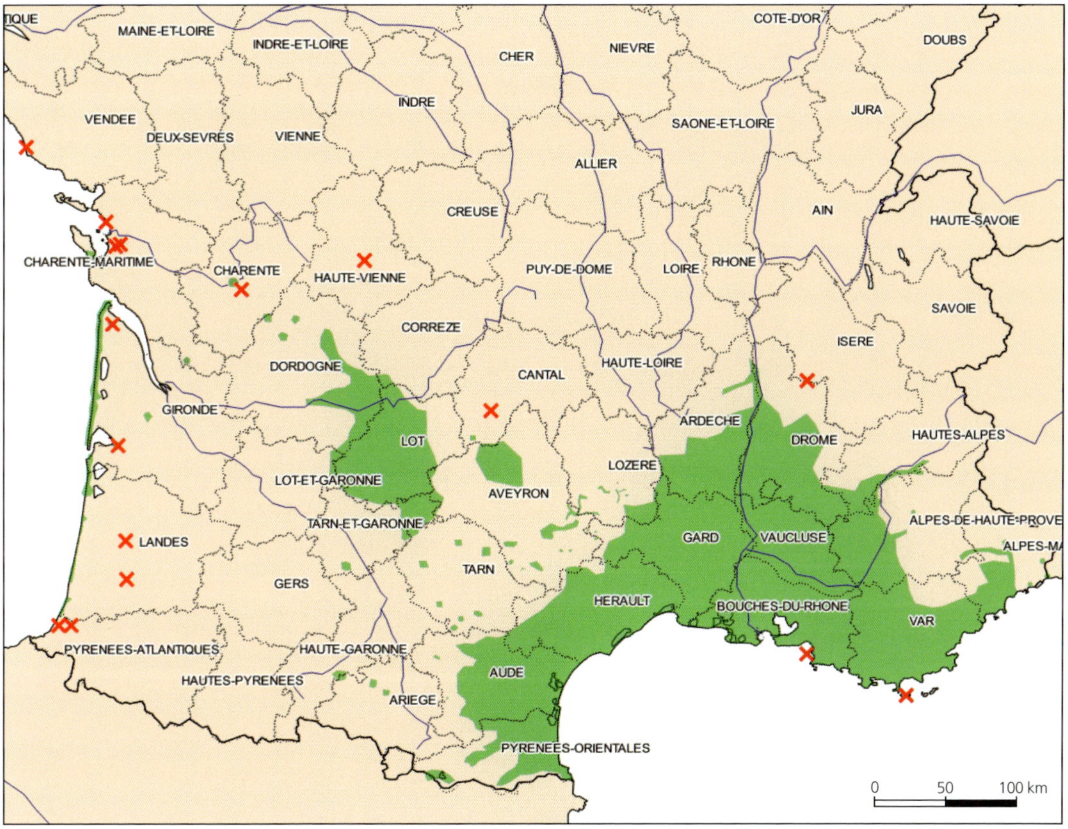

En France, la répartition du lézard ocellé est morcelée, particulièrement en dehors de l'aire méditerranéenne. Les connexions entre populations ne sont pas toujours connues, notamment dans le Tarn, l'Aveyron et la Lozère. Il a disparu historiquement d'au moins 16 localités (croix rouges).

de la Montagne noire et les parties les plus hautes de la chaîne pyrénéenne. Il pénètre en direction de Toulouse jusqu'aux abords de Castelnaudary et s'observe dans la vallée de l'Aude jusqu'aux environs de Quillan.

Dans le département de l'**Ariège**, l'espèce avait été signalée par Bertrand & Crochet (1992) dans les plaines et coteaux du nord-est du département (secteur de Pamiers notamment), dans une zone peu favorable où les habitats conformes aux exigences de ce lézard sont aujourd'hui à peu près inexistants (disparus ?). Le lézard ocellé n'a pas été revu dans ce secteur, malgré des prospections répétées. Plusieurs populations ont en revanche été découvertes durant les années 2000 sur le chaînon ariégeois du Plantaurel, jusqu'aux Petites Pyrénées à l'ouest. Dans cette zone bien plus favorable, le lézard ocellé est actuellement connu de 5 communes (2 sites distincts en rive droite de l'Ariège et 5 sites distincts en rive gauche), des environs de Lavelanet à l'est, à Cérizols à l'ouest. Il se pourrait que des populations relictuelles subsistent en situation plus intra-pyrénéenne vers Tarascon-sur-Ariège, zone comportant encore des surfaces d'habitats favorables et d'où provient un spécimen conservé dans une collection privée ancienne (Claudine Delmas, com. pers.).

Biotope à lézard ocellé sur la commune de La Bastide de Sérou, Ariège, altitude 650 m.

Gilles Pottier

In l'état actuel des connaissances, la limite occidentale de l'espèce sur les reliefs pré-pyrénéens se situe sur la commune de Belbèze-en-Comminges, dans le département de la **Haute-Garonne**. Un mâle adulte y a été photographié en mai 2004 (Pottier 2005) mais aucune observation n'y a semble-t-il été effectuée depuis. L'espèce est inconnue plus à l'ouest, c'est à dire en rive gauche de la Garonne, où les milieux favorables sont extrêmement localisés et très distants les uns des autres. Notons qu'il existe dans la région de Bagnères-de-Luchon des versants schisteux à fortes affinités sub-méditerranéennes (présence, entre autres, de *Coronella girondica*), sur lesquels l'espèce pourrait un jour être découverte.

Dans le sud du département du **Tarn**, le lézard ocellé a été observé dès 1960 non loin de Castres, sur le causse de Labruguière, où son maintien semble précaire suite à la construction récente d'un aéroport. Quelques petites populations satellites se recontrent dans ce même secteur du piémont de la Montagne Noire, notamment près de Dourgne (Frédéric Néri en 2012). Une autre observation se situe entre Massaguel et Verdalle et date de 1959. Des individus appartenant à des populations manifestement isolées ont été contactés près de Puylaurens (Frédéric Néri, com. pers.) (non revu).

Dans l'**Aveyron**, les populations méditerranénnes de lézard ocellé occupent le sud du département, jusqu'à la vallée du Tarn qui constitue la limite approximative de l'espèce.

Un peuplement plus ou moins épars, centré sur le Rougier de Camarès, occupe un espace compris entre Saint-Sernin-sur-Rance / Saint-Affrique / Camarès. Un autre noyau se situe aux environs de Millau et sur les contreforts occidentaux des Grands causses, avec des extensions dans les gorges de la Jonte et du Tarn jusqu'à Mostuéjouls en limite du département de la Lozère. Il a été observé à plusieurs reprises sur le petit causse Noir près de Millau où il semble en voie d'extinction aujourd'hui (Françoise Poitevin, com. pers).

Romain Datcharry

Le Rougier de Camarès (Aveyron) abrite une population de lézard ocellé. Un site original qui doit ses couleurs aux argilites rouges riches en oxyde de fer.

Dans l'**Hérault**, le lézard ocellé est abondamment distribué dans tous les milieux qui lui conviennent. Il ne se fait rare ou absent que dans les zones d'étangs du littoral et sur les reliefs situés au nord-ouest du département : plateau du Larzac, montagne de l'Espinouse. Il est commun dans les zones de vignobles et dans les garrigues ouvertes, notamment dans la basse vallée de l'Aude, le Minervois, le secteur de Béziers, Pézenas, Clermont-l'Hérault, Lodève, Montagne de la Moure ainsi que l'arrière pays montpelliérain : bassin de Saint-Martin et Notre-Dame-de-Londres, Saint-Mathieu-de-Tréviers, Claret, mais aussi plus à l'est, dans les garrigues des environs de Castries et de Lunel.

Dans le **Gard**, il est assez bien distribué sur l'ensemble du département, hormis dans les zones de grandes cultures de plaine (vallée du

Marc Cheylan

Le cirque de Saint-Guilhem-le-Désert, Hérault.

Michel Geniez/Biotope

La progression de la chênaie réduit la surface des biotopes favorables au lézard ocellé. C'est le cas dans les gorges du Gardon, Gard.

Grégory Deso

Dans le nord de l'Ardèche, les milieux ouverts favorables au lézard ocellé sont rares. Il s'agit soit de coteaux calcaires rocheux à chêne vert, genévrier et buis (photo), soit de vignes bordées de murets. Près de Châteaubourg, en bordure de la vallée du Rhône.

Rhône), dans les zones marécageuses du delta du Rhône (Petite Camargue) et dans certaines parties forestières des contreforts cévenols. Il est noté vers Vauvert, Saint-Gilles, Bellegarde et semble bien présent autour de Nîmes. Dans la continuité des populations héraultaises, il occupe les secteurs de Pompignan, Quissac, Saint-Hippolyte-du-Fort, Le Vigan. Dans le nord du département, de nombreuses observations ont été réalisées autour de Lussan et Bagnols-sur-Cèze.

En **Lozère**, il n'est présent que dans les parties méridionales à la faveur des vallées placées sous influence méditerranéenne : gorges du Tarn, du Tarnon et de la Jonte. Les observations les plus extrêmes ont été faites dans les gorges du Tarn, au nord d'Ispagnac. Dans cette partie du département, l'espèce se cantonne aux gorges, comme par exemple à Nabrigas dans les gorges de la Jonte ou à Jouanas dans les gorges du Tarn.

En **Ardèche**, il est surtout représenté dans le sud du département, et le long de la vallée du Rhône. Il s'avance dans la vallée du Rhône jusqu'à Sarras (Ponson, com. pers.) qui semble constituer à ce jour sa limite nord. Il pénètre assez profondément le flanc est du Massif central (monts du Vivarais et Cévennes) à la faveur des vallées affluentes du Rhône, jusqu'aux environs de Lamastre dans la vallée du Doux, jusqu'à Saint-Etienne-de-Serre dans la vallée de l'Eyrieux (Jean-Paul Thomas, com. pers.) et jusqu'à Thueyts dans la vallée de l'Ardèche.

En **Drôme**, le lézard ocellé offre une distribution assez diffuse. L'ensemble des observations se situent au sud de la rivière Drôme et dans sa vallée : Baronnies, Tricastin et Diois. Il est connu très localement au sud du massif du Vercors, à proximité de Die, avec au moins trois stations actuelles. Deux autres stations seulement concernent le nord du département : Tain-l'Hermitage et Crozes-Hermitage où il est vu assez régulièrement.

Julien Marmayou/Biotope

Les Grands causses (Larzac, Méjean, Sauveterre) ne sont guère occupés par le lézard ocellé, malgré la présence d'habitats steppiques a priori favorables. Le lézard ocellé se cantonne plutôt aux versants bien exposés des gorges, comme les gorges de la Jonte (Lozère) illustrées sur cette photo.

Grégory Lopez

Site de Tain-l'Hermitage en Drôme. Le lézard ocellé a été observé à proximité de la chapelle (en premier plan).

En **Isère**, il n'est connu que par une seule observation, réalisée en 1982 à Auberives-en-Royans, en aval des gorges de la Bourne, à l'extrême sud-ouest du département. Depuis, aucune donnée n'est venue étayer cette observation, très éloignée des limites connues actuellement. Selon Jean-Luc Grossi et Rémi Fonters (com. pers.), le lézard ocellé aurait disparu du département de l'Isère. La station connue en 1982 a subi une modification de l'occupation du sol passant d'un coteau avec pelouses et vignes à un boisement à robiniers et un champ de maïs. Des témoignages récents non encore confirmés mentionneraient l'espèce au niveau de Choranche, à l'entrée des gorges de la Bourne dans le parc naturel régional du Vercors. Cette nouvelle information devrait dynamiser les recherches dans ce secteur proche de la toute dernière mention en Isère.

Plus au nord, Collin de Plancy (1878) signale l'observation d'un individu, confirmée par Lataste, aux environs de Poligny dans le **Jura**. Cette mention, très éloignée de l'aire de distribution connue de l'espèce, pourrait résulter d'une introduction ou d'une erreur d'interprétation.

Dans le département du **Vaucluse**, le lézard ocellé semble peu abondant. Il se localise essentiellement sur les coteaux et piémonts des massifs calcaires du département, notamment en lisière de cultures sèches (vignes, oliveraies, friches, restanques…). On le trouve ainsi au sud du massif du Luberon, sur les flancs sud et nord des Monts de Vaucluse, sur le piémont sud du Mont Ventoux, dans les dentelles de Montmirail et le pays d'Apt. Il semble plutôt rare dans le Comtat Venaissin. Plus vers l'ouest, dans la plaine viticole d'Orange-Châteauneuf-du-Pape, quelques beaux noyaux de populations persistent (Grégory Deso, com. pers.). Sa présence est à confirmer sur le massif d'Uchaux qui offre des milieux très attractifs. Dans le reste du Haut-Vaucluse, l'espèce ne semble pas abondante non plus. Quelques données mentionnent l'espèce le long des cours de l'Aygues (entre Sainte-Cécile-

Michel Geniez/Biotope

Les gorges de la Nesque. À l'horizon, le mont Ventoux domine le Vaucluse de ses 1912 mètres. Le lézard ocellé est surtout présent dans le pays de Sault. Il n'occupe pas le massif proprement dit, trop haut et trop forestier.

La vallée du Bès (à droite de la photo) vue depuis le sommet du Blayeul. Grâce à ces vallées alpines sous influences méditerranéennes, le lézard ocellé pénètre loin dans le massif des Alpes, bien au-delà de Digne-les-Bains.

Marc Cheylan

les-Vignes et Travaillan) et de l'Ouvèze (entre Joncquières et Violès), en contexte plutôt alluvial (Julien Viglione com. pers.).

Il occupe localement l'intérieur des massifs, là où la forêt n'a pas complètement repris ses droits : Petit Luberon (entrée des gorges du Régalon) et Grand Luberon (entre Villelaure et Ansouis), Monts de Vaucluse (notamment le secteur Gordes-Joucas-Lioux) jusqu'à Apt (Julien Viglione, com. pers.). Les collines rhodaniennes s'étirant depuis la Durance à Bompas, au sud, jusqu'à Orange, au nord, sont également occupées de façon sporadique, le plus souvent à la faveur d'anciennes carrières ou d'affleurements rocheux. Les données se font rares sur le Plateau d'Albion où quelques observations sporadiques attestent sa présence vers Saint-Christol (ECO-MED, com. pers.). Sur le Plateau de Sault, la plaine de Monieux et les hautes gorges de la Nesque, l'espèce est présente en petits effectifs, essentiellement dans des zones de garrigues montagneuses entre 600 et 800 m, à la faveur des habitats ouverts et de clairières de chênaies calcicoles (Julien Viglione, com. pers.). En revanche, on ne le connaît pas de la vallée du Toulourenc au nord du Ventoux.

Dans le département des **Alpes-de-Haute-Provence**, sa présence est sporadique. Elle s'organise essentiellement le long de la vallée de la Durance, à l'ouest du département, depuis sa confluence avec le Verdon au sud jusqu'à Sisteron au nord. Quelques beaux noyaux de populations sont connus dans le Luberon oriental (entre Manosque et Forcalquier), sur le plateau de Valensole, sur les contreforts de la montagne de Lure (bassin de Saint-Étienne-les-Orgues notamment) et dans la vallée du Jabron au nord de la Montagne de Lure. À l'extrême nord du département, on le retrouve le long de la Durance sur les communes de Vaumeilh, Sigoyer, Théze, et même jusqu'à Curbans-Le Claret. Plus à l'est, il rejoint la vallée de l'Ubaye au niveau de Le Lauzet-sur-Ubaye. À l'extrême sud-est du département, il est connu de longue date à Entrevaux, et a été découvert récemment plus en amont, à Saint-Benoît (Laetitia Bekaert et Mariani, com. pers.) dans la moyenne vallée du Var, en prolongement de sa distribution le long de ce fleuve dans le département des Alpes-Maritimes. À l'ouest, il occupe la moyenne vallée de la Durance, depuis sa confluence avec le Verdon au sud jusqu'à Sisteron au nord, un secteur où il est probablement bien répandu. À la faveur de la vallée de la Bléone et de son affluent le Bès, il pénètre profondément la chaîne des Alpes, jusqu'à La Javie au nord de Digne-les-Bains (Marc Montadert, com. pers.) et jusqu'à Auzet au sud de Seyne-les-Alpes (Roger Isoard, com. pers.).

Dans le département des **Hautes-Alpes**, le lézard ocellé n'occupe que la vallée de la Durance et son principal affluent droit : Le Buëch. Il fréquente de façon discontinue les zones sèches sous influences méditerranéennes situées au sud du Laragnais (record d'altitude à Ribiers vers 1 100 m, ECO-MED com. pers.) jusqu'au pourtour du lac de

Grégory Deso

La haute vallée de la Durance marque la limite de pénétration du lézard ocellé dans le massif des Alpes. Plusieurs observations ont été réalisées ces dernières années en bordure du lac de Serre-Ponçon, notamment près de Le Sauze-du-Lac que l'on voit sur cette photo.

Le massif de Sainte-Victoire bénéficie de protections importantes (Grand Site, Natura 2000, site classé). Il abrite de belles populations de lézards ocellés sur le piémont sud, mais aussi en crête, à des altitudes comprises entre 900 et 1000 mètres (Bouches-du-Rhône).

Marc Cheylan

Serre-Ponçon, dans ses parties les plus ensoleillées et arides, généralement en-dessous de 1 000 m (Savines-le-Lac, Le Sauze, Prunières). La population du secteur de Laragne est attestée de longue date grâce à un spécimen conservé au musée de Gap, capturé à Ventavon en 1895. Elle sera confirmée en 1986 puis en 1995. La population du lac de Serre-Ponçon, située 40 km en amont de Laragne a été découverte en 1978 par Alain Delcourt (com. pers.) et confirmée depuis par plusieurs observations. Daniel Fougeray (com. pers.) mentionne le lézard ocellé en 1996 à Prunières. Schmitt *et al.* (1988) et Christian Couloumy (com. pers.) le mentionne respectivement en 1986 à Ventavon et en 1989 à Orpières. De nouvelles données concernant les communes de Châteauneuf-de-Chabre (2003), Espinasses et Saint-Genis (2005), Laragne-Montéglin (2007), Rousset, Barcillonnette, Ventavon, Valenty, Théus, Prunières et Le Sauze (2009) ont été rapportées ces dernières années dans cette partie haute de la Durance.

Dans ce département, la situation du lézard ocellé est très préoccupante car, outre le fait qu'il soit en limite de distribution, les stations occupées sont généralement très restreintes, discontinues, et menacées par les aménagements de la vallée, les mises en culture ou l'extension de la forêt.

Dans le département des **Bouches-du-Rhône**, Les secteurs où l'espèce semble présenter les noyaux de population les plus importants sont la plaine centrale et orientale de la Crau (triangle de Saint-Martin, Istres, Salon), comprenant les piémonts et massifs associés, les chaînons du nord (La Fare-les-Oliviers, Lançon-de-Provence) et de l'est de l'étang de Berre (en particulier un gros noyau sur le plateau de l'Arbois et les collines de Vitrolles), le pays d'Aix (avec notamment un gros noyau au piémont sud-est de Sainte-Victoire). Plus au nord-est, aux confins des Bouches-du-Rhône et du Var, un important noyau de population a été mis en évidence sur les bords de la Durance, jusqu'à Cadarache au nord. Des noyaux plus diffus sont connus dans le massif de la Nerthe, le massif des Calanques, depuis Marseilleveyre jusqu'aux collines de Ceyreste-Roquefort-la-Bédoule, le massif occidental de la Sainte-Baume, le massif du Garlaban, le massif de l'Étoile, la plaine de l'Arc et les collines de Gardanne jusqu'à Trets. Sur l'île de Ratonneau (archipel du Frioul dans la rade de Marseille), il semble que le lézard ocellé ait été commun avant la première guerre mondiale si l'on en croit les propos des habitants de l'île rapportés par Marcel Mourgue (1930). Quelques décennies plus tard, il semble s'être considérablement raréfié comme le suggère la remarque de Marcel Mourgue (*loc. cit.*) à la suite de la capture d'un exemplaire : « depuis de nombreuses années que j'explore cette île, je ne l'avais jamais vu ». L'espèce n'a plus jamais été vue sur cette île malgré l'intensité des prospections effectuées ces vingt dernières années.

Dans le **Var**, le lézard ocellé est bien répandu malgré le caractère très forestier de ce département. Il fait défaut dans les parties les plus élevées du département : plateau de Canjuers en particulier. Il est particulièrement fréquent dans les massifs des Maures, de l'Estérel, de la Colle-du-Rouet et du Tanneron, ainsi que dans la plaine des Maures et la plaine de Palayson et, globalement, toute la Basse vallée de l'Argens. Les populations semblent plus diffuses dans la haute vallée de l'Argens et les contreforts septentrionaux du Massif de Sainte-Baume, très forestiers. On l'observe couramment dans les secteurs de la Verdière, Ginasservis, Saint-Julien et Vinon-sur-Verdon, à l'extrémité nord-ouest du département ; cette population est en continuité avec le noyau de population de Cadarache. Dans le secteur de la Sainte-Baume (quadrilatère formé par Saint-Zacharie, Saint-Maximin, Brignoles et Cuers), l'espèce s'observe

Malgré son caractère très forestier, le lézard ocellé est assez commun dans le massif des Maures, à la faveur des clairières, des zones rocheuses situées en crête, mais aussi dans les espaces ouverts par les incendies de forêts, très fréquents dans cette région du Var.

dans les milieux les plus ouverts (anciennes restanques notamment) sans y être abondante. Un beau noyau de population existe au nord-est de Draguignan (Gorges de Pennafort). Sur le littoral, de belles populations s'observent depuis la limite avec les Bouches-du-Rhône (Baie de la Ciotat), jusqu'à l'arrière-pays toulonnais (La Valette-du-Var) ainsi qu'entre Hyères, Bormes-les-Mimosas et le Lavandou, malgré la très forte urbanisation de cette côte rocheuse (Grégory Deso, com. pers.).

Sur l'île de Porquerolles, le lézard ocellé a été signalé pour la première fois par le botaniste Émile Jahandiez (1914) qui le dit abondant à son époque (fin du XIXe siècle). Ceci confirmé bien plus tard par Leila Fournier-Le Ber, propriétaire d'une partie de l'île. Entre 1979 et 1982, cinq individus seulement seront observés au cours de cinq séjours sur l'île. Entre 1982 et 2000, 8 observations seulement seront répertoriées ce qui traduit l'extrême rareté de l'espèce durant ces deux décennies. La dernière observation accréditée est celle de G. Farny, effectuée en mai 2000 en arrière de la plage de la Courtade. Les prospections menées en 2000, 2001 et 2002 pour tenter de retrouver l'espèce se sont révélées infructueuses. On peut aujourd'hui considérer le lézard ocellé éteint sur Porquerolles.

Dans le département des **Alpes-Maritimes**, le lézard ocellé est peu abondant et très localisé, du fait de l'importance du relief et de l'extrême urbanisation du littoral. Il est surtout présent dans la partie sud-ouest du département, principalement le long de la vallée du fleuve Var (qui coule dans les Alpes-Maritimes et non dans le département du Var !) et son affluent majeur en rive droite : l'Estéron. À la faveur du fleuve Var, il pénètre profondément le sud des Alpes, jusqu'à Val-de-Chalvagne dans le département voisin des Alpes-de-Haute-Provence (Cécile Lemarchand, com. pers.) et jusqu'à la Courbaisse dans la vallée de la Tinée (Michel Belaud, com. pers.). À l'est, il a été signalé à ce jour aux environs de Sospel dans la vallée de la Bévéra à partir d'ossements trouvés dans des pelotes de hibou grand-duc (Patrick Bayle, com. pers.), non loin de Breil-sur-Roya par Jean-Marie Cevasco (com. pers.) et à proximité de la frontière italienne, sur la commune de Menton (Grégory Deso, com. pers.).

Gilles Pottier

Biotope à *T. lepidus*, cimetière de Bournac, Aveyron.

SUD ET OUEST DU MASSIF CENTRAL

La « population lotoise » occupe les marges sud et ouest du massif Central. Elle se distribue de façon discontinue depuis Rodez au sud-est, jusqu'à l'extrême nord de la Dordogne, au nord-ouest.

Dans le nord du département de l'**Aveyron**, plusieurs foyers de présence indiquent l'espèce entre la vallée de l'Aveyron au sud et la vallée du Lot au nord, en périphérie du causse Comtal (qui apparaît lui-même bizarrement inoccupé) : vallée du Dourdou non loin de Bozouls, environs de Clairvaux d'Aveyron, plusieurs localités de la haute vallée du Lot (en limite avec le Cantal).

Un hiatus paraît exister dans la vallée du Lot à l'amont du département éponyme, jusqu'aux environs de Decazeville : Brugière (1986) signale une observation aveyronnaise sur Saujac à la frontière Lot/Aveyron (rive gauche du Lot) mais, plus en amont, l'espèce n'est connue que près de Firmi (bassin de Decazeville) (obs. Carine Delmas, 2009) - sans compter, en rive droite et plus au nord, la population de Saint-Santin-de-Maurs, dans le Cantal signalée par Brugière (1986), et confirmée depuis par plusieurs observateurs - Encore plus en amont dans cette même vallée du Lot, l'espèce ne réapparaît qu'aux environs de Grand Vabre, et est ensuite ponctuellement présente dans le Cantal (sur Vieillevie par ex.) et de belles populations existent jusque sur Le Fel, près de la confluence entre le Lot et la Truyère (rive droite). On pensait qu'il s'agissait probablement là de la limite de l'espèce, mais le lézard ocellé existe en fait jusque sur la commune d'Estaing, en amont d'Entraygues-sur-Truyère ! (toujours rive droite) (obs. Joëlle et Pierre Martin, 2013, transmise par Sylvie Michelin). On le rencontre également en rive gauche, face au Fel, sur la commune d'Espeyrac (obs. Claudine Delmas et Gilles Pottier, sur un signalement de Sylvie Michelin).

Les observations sont plus rares au sud de la vallée du Lot, entre cette dernière et celle de l'Aveyron : seulement quelques contacts épars dans un triangle approximatif Pruines / Marcillac-Vallon / Bozouls (obs. ONCFS *circa* 2006, Sylvie Michelin 2011, Pierre-Olivier Cochard 2013).

La vallée même de l'Aveyron ne paraît pas héberger beaucoup de populations : quelques observations en rive droite en marge sud du causse Comtal à l'amont de Rodez (obs. Nicolas Cayssiols

Non loin de Caylus et du parc naturel régional des causses du Quercy, la commune de Ginals dans le Tarn-et-Garonne abrite encore des milieux favorables au lézard ocellé comme ce coteau herbacé, pourvu de nombreux abris.

Gilles Pottier

& Gilles Pottier 2009), et une observation très en aval de là, au sud de Villefranche-de-Rouergue (obs. Nicolas Cayssiols 2008).

Ces populations du nord du département de l'Aveyron apparaissent isolées de celles situées au sud du département, dans la région de Millau et du Rougier de Camarès, où l'espèce est plus régulièrement observée.

Dans le département voisin du **Tarn** (en exceptant le sud du département déjà traité dans le chapitre sur la région méditerranéenne, p. 58), Frédéric Néri (com. pers.) signale l'espèce sur le causse du Garric (où elle n'a pas été revue), observation peu éloignée d'une autre localité connue près d'Albi (Philippe Geniez, com. pers.). Encore plus en amont, de nombreuses observations ont confirmé sa présence sur Ambialet. Des individus appartenant à des populations manifestement isolées ont été contactés dans le gaillacois près de la vallée du Tarn (Hugues Redon, com. pers.). Dans l'extrême nord-ouest du département, il a été mentionné par Jules Chalande en 1894 à Penne, à proximité des gorges de l'Aveyron (où il est régulièrement revu, Sébastien Albinet, com. pers).

Le département du **Tarn-et-Garonne** accueille des populations satellites de celles du Lot, liées à l'extension des terrains calcaires du Quercy jusque dans le nord et le nord-est de ce département. L'espèce a été observée par Olivier Peyre (com. pers.) à Caylus et Lavaurette et par Pottier (2001) sur la commune de Labastide-de-Penne. Brugière mentionne sa présence dans les basses gorges de l'Aveyron, zone dans laquelle il a été vu récemment en deux points distincts sur les communes de Saint-Antonin Noble Val et de Ginals (obs. Gilles Pottier 2013 ; photo ci-dessus). Un individu isolé a par ailleurs été observé en Lomagne (soit très au-delà des zones avec présence avérée), mais l'indigénat est extrêmement douteux du fait de l'absence d'habitats favorables près du point d'observation (Hugues Redon *in* Pottier *et al*. 2008).

Dans le **Lot**, l'espèce est encore bien présente. Elle occupe la quasi-totalité des causses, selon une bande nord-sud allant du causse de Martel jusqu'au causse de Limogne-Lalbenque, soit une surface d'environ 100 km par 40 km. Le centre de répartition de cet ensemble de populations se situe sur le causse de Gramat. Les grandes vallées qui coupent le département isolent 5 zones d'habitats favorables : causse de Martel en rive droite de la Dordogne, causse de Gramat (Tristan Lafranchis, com. pers.) entre Dordogne et Célé, causse de Saint-Chels entre Célé et Lot, causse de Limogne-Lalbenque et serres du Quercy Blanc en rive gauche du Lot. Tristan Lafranchis (com. pers.) signale des observations réalisées il y a environ 40 ans sur des pelouses sèches au-dessus du village de Catus (lointaine marge occidentale du causse de Gramat), actuellement envahies par les broussailles ou mises en culture. Malgré l'importance des changements intervenus sur les paysages suite à la déprise agricole et à l'abandon des troupeaux, le département du Lot, et tout particulièrement le causse de Gramat, possède aujourd'hui les populations les plus importantes en dehors de l'aire méditerranéenne.

Dans le **Lot-et-Garonne**, une observation a été faite sur la commune de Sauveterre-la-Lémance par Pottier (2001). D'autres populations sont potentiellement présentes sur les coteaux et plateaux de ce département qui offrent des habitats particulièrement favorables à l'espèce.

Le lézard ocellé profite du prolongement du causse de Martel pour pénétrer dans le département de la Corrèze. Malgré son caractère relativement boisé, l'extrémité nord de ce causse laisse encore apparaître par endroits des paysages ouverts et propices à ce lézard.

Les seules mentions pour le département du **Cantal** sont celle de Marty (1900) qui signale la découverte d'un lézard ocellé au pont de Cabrières près d'Aurillac, et celle de Brugière (1987) à Saint-Santin-de-Maurs à l'extrême sud-ouest du département. Pour Brugière (1986), l'observation de Marty pourrait concerner un individu déplacé par l'homme « tant le climat et les milieux ne semblent pas convenir à ce reptile ». La population de Saint-Santin-de-Maurs occupe quant à elle une butte calcaire favorable à l'espèce, située à peu de distance des populations des causses du Quercy.

En **Corrèze**, le lézard ocellé était connu par Brugière (1986) dans le sud du département, à Chasteaux et Saint-Cernin-de-Larche en bordure nord du causse de Martel. Sa présence à Chasteaux a été confirmée en 2000 par Pottier (2001) puis en 2008 par Lolive et Kleefstra (com. pers.) et à Saint-Cernin-de-Larche par Romuald Dohogne en 2002 (com. pers.). Il a par ailleurs été trouvé en 2000 et 2002 sur la commune de Nespouls par le Groupe Mammalogique et Herpétologique du Limousin (Romuald Dohogne, com. pers.). Le causse de Martel (dont la partie localisée dans ce département est également appelée le causse corrézien) étant aujourd'hui très boisé, il est fort probable qu'il s'agisse de populations relictuelles, morcelées et très menacées (Gilles Pottier, com. pers.). Ces populations constituent la limite nord de répartition dans cette région (Groupe Mammalogique et Herpétologique du Limousin, 2000). De nos jours, le lézard ocellé est connu des communes de Chasteaux, Nespouls, Saint-Cernin-de-Larche, Saint-Robert, Turenne et Vars-sur-Roseix.

Les mentions de lézard ocellé sont peu nombreuses en **Dordogne**. Elles concernent plusieurs populations de faible extension, non reliées entre elles et actuellement réparties selon un axe sud-est nord-ouest sur environ 100 km entre Terrasson, Périgueux et la Rochebeaucourt (Frédéric Chiche, com. pers.). Celles-ci occupent des pelouses plus ou moins ouvertes sur des coteaux et plateaux calcaires. La plupart des stations sont en voie de fermeture du fait du boisement. Les deux populations les plus septentrionales, situées entre Paussac-et-Saint-Vivien et la Rochebeaucourt, sont séparées par une vingtaine de kilomètres. Plus au sud, l'espèce était signalée sur la carte de Le Bugue et de Sarlat dans *l'Atlas préliminaire des reptiles et amphibiens de France* (Anonyme, 1978). En 1989, une station a été découverte par Francis Berger (com. pers) vers Sainte-Foy-de-Longas, confirmée par de nouvelles observations en 1993 et 1996. Cette donnée est très proche des mentions de Le Bugue signalée en 1978. Pottier (2001) mentionne le lézard ocellé sur la commune de Borrèze en 2000. Frédéric Chiche (com. pers.) l'indique à Limeyrat en 1993. L'espèce est contactée à Paussac-et-Saint-Vivien en 1998 (Pascal Grisser et Frédéric Chiche, com. pers.). Également Daniel Rat, Pascal Grisser et Frédéric Chiche (com. pers.) notent l'espèce aux Farges en 1998. Le lézard ocellé est observé en 2008 sur Saint-Pantaly-d'Ans, Aubas et Condat-sur-Vézère (Cistude Nature, com. pers.).

Pierre Grillet

La population de lézards ocellés sur le plateau de la Rochebeaucourt-Argentine en Dordogne est la population continentale la plus septentrionale connue actuellement, avec celle de Marsac en Charente. Cette dernière n'a pas été confirmée au cours des dix dernières années.

L'espèce n'est connue en **Haute-Vienne** que par une mention ancienne à proximité de Limoges. Cette population n'a pas été confirmée par le Groupe Mammalogique et Herpétologique du Limousin (2000). Il est fort probable qu'elle n'existe plus aujourd'hui.

LITTORAL ATLANTIQUE

Les populations atlantiques se distribuent actuellement depuis Oléron au nord (département de Charente-Maritime) jusqu'à l'embouchure de l'Adour au sud (département des Landes).

Bien qu'aucune donnée ancienne ne fasse état de sa présence en **Vendée**, Ewald (1989) le mentionne dans l'Atlas de la Société Herpétologique de France. Cette donnée fait référence à une observation que Pierre Yésou a réalisée au début des années 1980 en forêt d'Olonne (com. pers.). Depuis, aucune autre mention n'a été faite dans ce département (Christian Goyaud, com. pers). Les naturalistes locaux considèrent que l'espèce en est absente (Hugues des Touches, com. pers.) ce qui rejoint le constat de Gélin au début du XXe siècle (1911) qui dit « *ne l'avoir jamais rencontré au cours de mes nombreuses excursions sur les dunes de la Vendée* ». Néanmoins, les conditions climatiques et les habitats rencontrés le long du littoral vendéen rendent possibles la présence ancienne d'un noyau de population.

En **Charente**, la seule mention historique de lézard ocellé est due à Tremeau-de-Rochebrune (1843) qui l'indique dans la région d'Angoulême, en lisière de la forêt de la Braconne à environ 10 km à l'est de la ville. Cette population semble aujourd'hui éteinte. En revanche, les prospections effectuées il y a quelques années ont permis de découvrir l'espèce à Marsac en 2000, sur un coteau situé en rive droite de la Charente (Patrice Lavoué, com. pers.), 10 km environ au nord d'Angoulême. Cette découverte a incité les naturalistes à mener des prospections systématiques sur ce coteau en 2001: prospections qui se sont révélées négatives. On peut supposer qu'il s'agit d'une population relictuelle en voie de disparition. Le nombre de coteaux calcaires favorables à la présence de l'espèce entre la Rochebeaucourt et Cognac laisse cependant envisager la découverte de nouvelles stations au sud de ce département.

Dans le département de la **Charente-Maritime**, l'espèce est mentionnée pour la première fois par Lesson (1841). Selon cet auteur, le lézard ocellé « *n'est pas rare dans les coteaux secs et pierreux, dans les haies exposées au soleil ; au Breuil entre Charente et Rochefort, entre Martrou et Soubise* ». Lataste (1875) le signale dans les départements de Charente et Charente-Inférieure et Beltrémieux (1884) le cite dans sa *Faune vivante de la Charente Inférieure*. Quelques années plus tard, Granger (1894), considère l'espèce très rare dans ce département. En Charente-Maritime, Gélin (1911) l'observe en 1879 dans les dunes de Châtelaillon-Plage, non loin de La Rochelle « *avant que ne s'élève la station balnéaire* ». Cette population s'est depuis éteinte ainsi que celles de Rochefort et Soubise. L'observation d'un adulte par Michel Sandras (com. pers.) au début des années 80 dans une clairière de la forêt de la Coubre suggère sa présence au niveau de la presqu'île d'Arvert. Les prospections menées sur cette localité n'ont malheureusement pas permis de confirmer cette observation. Sur le littoral charentais, seule l'île d'Oléron abrite l'espèce. Elle y est mentionnée pour la première fois par Chabanaud (1919) qui la dit commune sur les dunes qui bordent le sud-ouest de l'île. Dans le sud du département, le lézard ocellé a pu être redécouvert en 1998 à Bussac-Forêt par Jean-Marc Thirion, sur un terrain militaire (photo ci-dessus). Les études réalisées depuis 2007 ont permis de confirmer la présence d'une population. Comme sur Oléron, la population semble en situation précaire.

En **Gironde**, le lézard ocellé est mentionné pour la première fois par Lataste (1875) dans la lande d'Arlac, aujourd'hui aéroport de Mérignac-Bordeaux. Selon Pascal Grisser (com. pers.), il devait s'agir de landes sèches (dunes fixées) situées en bordure des talus alluviaux anciens (Graves) de la Garonne. Plus de 50 ans plus tard, le même Lataste (1930) le mentionne à Soulac, le long du littoral, à quelques kilomètres de la Pointe de

Florian Doré

Le terrain militaire de Bussac-Forêt représente à ce jour le dernier site de présence du lézard ocellé en situation continentale pour le département de Charente-Maritime.

Grave, ainsi qu'au niveau du Bassin d'Arcachon, à l'Herbe (Cap Ferret). Il l'indique aussi à Biganos, à l'est du Bassin, où il a été observé en 1896. D'après Luc Clair (com. pers.), il était encore présent en 1985 dans le Médoc, à proximité de Saint-Vivien-de-Médoc, dans des zones à bruyères à faible couvert arborescent, mais avec une nette tendance à la fermeture. De nos jours, il ne s'observe plus que sur le littoral : le Verdon-sur-Mer, Soulac, Grayan, Naujac, Lacanau, Carcans, Hourtin et Lège-Cap-Ferret, Montalivet (Matthieu Berroneau, com. pers.). Selon Berroneau (2012), la répartition est relativement homogène mais des disparités subsistent entre différents secteurs. Le lézard ocellé semble absent ou très rare notamment au sud du Bassin d'Arcachon mais est présent au sud de la dune du Pyla. Au nord du Bassin, l'espèce semble plus abondante sur le secteur du Porge. L'espèce se raréfie ensuite jusqu'au nord d'Hourtin, mais redevient fréquente à Montalivet-les-Bains. Elle n'a ensuite été observée qu'à une seule reprise entre 2008 et 2011 au nord de Soulac-sur-Mer (*Ibidem*).

Dans les **Landes**, il n'est présent que sur le littoral où il a d'abord été découvert à Mimizan, au nord et au sud de la réserve naturelle du Courant-d'Huchet à Vielle-St-Girons et Moliets-et-Maâ (Pascal Grisser, com. pers.), au sud de Capbreton (Pascal Grisser et Gérard Blake, com. pers.) et vers Tarnos au

Marie Daniel et Fabien Mazzocco

Littoral de la Gironde. Les dunes du littoral aquitain sont peuplées de manière inégale par le lézard ocellé du nord au sud.

niveau de l'embouchure de l'Adour. Puis le lézard ocellé a été observé à Messanges et Saint-Julien-en-Born en 2008. Actuellement dans les Landes, les trois principales populations se situent sur les secteurs de Tarnos, de Huchet et sur le territoire du Centre d'Essais des Landes. Ailleurs, le lézard ocellé semble rare ou absent. Dans le cadre du programme de conservation du lézard ocellé en Aquitaine, l'espèce n'a pas été contactée entre 2008 et 2011 sur Capbreton et Hossegor, mais elle est à nouveau présente à partir de Vieux-Boucau jusqu'à Huchet puis au sud de Mimizan où elle est bien représentée. Au nord du Centre d'Essais des Landes, le lézard ocellé atteint Biscarosse. Le lézard ocellé est également présent dans les terres où il est noté jusqu'à 5 km des côtes à la faveur de lisières claires, de coupes rases et pelouses.

Le département des **Pyrénées-Atlantiques** n'a pas fait l'objet d'observations récentes bien que le lézard ocellé y ait été mentionné historiquement par Vivant (non datée) sur l'aéroport de Parme-Biarritz et à Mouguerre (donnée Muséum de Bayonne, oct. 2013).

Références

Répartition : Grillet & Cheylan (2010) – **Le Lézard ocellé en dehors de la France :** Ferri *et al.* (1991), Ferri (1994), Grillet & Cheylan (2010), Mateo (1997, 2002, 2011), Paulo (2008), Salvidio *et al.* (2004, 2011), Sindaco *et al.* (2006) – **La situation en France :** Beltrémieux (1884), Berroneau (2012, 2014), Boudet & Raymondeau (1890), Brugière (1986, 1987), Chabanaud (1919), Cheylan (1983), Cheylan & Cluchier (2004), Cheylan & Grillet (2005), Collin de Plancy (1878), Cugnasse *et al.* (1993), Delmas (2012), Deso *et al.* (2011), Doré *et al.* (2008a, 2009a), Ewald (1989), Ferrer & Coeugnet (2000), Gélin (1911), Geniez & Cheylan (2012), Giroud (1986), Granger (1894), Groupe Mammalogique et Herpétologique du Limousin (2000), Grillet & Thirion (1999), Grillet *et al.* (2012), Jahandiez (1914), Lataste (1875, 1930), Lescure & de Massary (2012), Lesson (1841), Marty (1990), Mourgue (1930), Pagès (1979), PNE & CRAVE (1995), Pottier (2001, 2005), Pottier *et al.* (2008), Raynaud & Raynaud (1995), Schmitt *et al.* (1988), Thirion *et al.* (2002), Tremeau-de-Rochebrune (1843).

Couple dans la plaine des Maures (Var).

Joseph Celse

Milieux fréquentés

Comprendre l'habitat dans lequel une espèce évolue est un préalable obligé lorsqu'on cherche à identifier les causes de déclin d'une espèce et les moyens d'y remédier. Ceci fournit les clés indispensables à la mise en œuvre de mesures de conservation. En région méditerranéenne, le lézard ocellé occupe une assez large gamme d'habitats, qu'ils soient naturels ou anthropisés. Il n'en va pas de même aux marges de sa distribution où ses exigences en termes d'habitat semblent bien plus spécialisées.

Florian Doré

À quelques mètres de la plage, ce lézard ocellé utilise une souche comme abri. Quatre lézards différents (1 mâle et 3 femelles) y ont cohabité. En 2014, cette souche a totalement disparu sous le sable en raison du recul du trait de côte. Île d'Oléron.

LES HABITATS OUVERTS DE TYPE MÉDITERRANÉEN

Le lézard ocellé est caractéristique des climats méditerranéens. Plutôt généraliste, on peut le rencontrer depuis les habitats arides du sud de la péninsule Ibérique soumis à une pluviométrie annuelle d'à peine 150 mm jusqu'aux régions de la Galice soumises à une pluviosité d'environ 1500 mm. Sur le plan bioclimatique, son amplitude va de l'étage thermoméditerranéen aride jusqu'au supraméditerranéen per-humide. Les arbres caractéristiques de ces étages climatiques sont l'olivier, le caroubier, et le pistachier lentisque pour l'étage thermoméditerranéen ; le chêne vert, le pin d'Alep, le genévrier oxycèdre pour l'étage mesoméditerranéen et le pin noir, le pin sylvestre et les chênes à feuillage caduc pour l'étage supraméditerranéen. À l'intérieur de ce cadre bioclimatique, il préfère nettement les formations ouvertes.

En Espagne, on le rencontre dans une large gamme d'habitats naturels et dans bon nombre d'habitats artificialisés : cultures diverses, zones péri-urbaines. Ses habitats de prédilection sont cependant les

Maxime Briola

Les murets de pierre offrent d'excellents abris au lézard ocellé. Lac du Salagou, Hérault.

Pedro Galán

Vue d'un biotope à lézard ocellé en Galice. Parc Naturel de Corrubedo, Coruña. Les lézards sont abondants dans les zones rocheuses telles qu'on les voit sur cette photo.

zones de dehesas, paysages typiques du sud et du centre de l'Espagne, constitués de cultures de céréales ou de pâtures piquetées de vieux chênes verts ou lièges en peuplements plus ou moins denses. Il occupe aussi les zones de mattorals dépourvues de végétation arborée ainsi que les systèmes dunaires littoraux. En Galice, sa valence écologique est plus réduite en raison d'un climat atlantique frais. On le rencontre alors dans les habitats thermophiles abrités, essentiellement sur la côte et dans les fonds de vallées.

Marc Cheylan

Un paysage traditionnel fortement occupé par le lézard ocellé en Espagne. Ce mélange d'arbres plus ou moins épars et de cultures ou pâtures forme les dehesas Sierra de Andujar, Andalousie, Espagne.

Dans les îles de Galice, on le rencontre dans des milieux de type garrigue, sur les falaises littorales orientées à l'est et au sud, sur les pelouses avec buissons et sur les constructions (murets, habitations). On ne l'observe pas, ou seulement en très faible densité, dans les plantations d'eucalyptus et de pins. Cortegada est l'archipel qui présente la couverture arborée la plus importante et la plus dense. Le lézard ocellé ne s'y rencontre de ce fait qu'en quelques endroits dégagés tels que ruines ou secteurs pierreux.

Dans le sud de la France, il fréquente des milieux divers : steppes caillouteuses de la Crau et du Roussillon, garrigues et maquis peu arborés, escarpements rocheux du littoral, vergers secs d'oliviers et d'amandiers, crêtes ventées des montagnes, gorges encaissées, dès lors qu'il y trouve des abris. Les espèces végétales qui caractérisent le mieux son habitat sont le brachypode rameux, le thym, le romarin, le chêne kermès, le chêne vert, les cistes et les filaires. Il est assez commun aux abords des vignes, même lorsque celles-ci sont quasi dépourvues de zones naturelles. Dans ce cas, il se contente des fossés et des talus de chemins. Du fait de ses mœurs rupicoles, on le trouve assez souvent à proximité des carrières et aux abords des voies de circulation. Il manque en revanche dans la plupart des zones de marais, dans les prairies humides et dans les forêts denses. En Camargue, il occupe de façon sporadique les formations sableuses fixées (montilles), colonisées par la filaire à feuille étroite. Il occupe toutefois le cœur du massif des Maures (Var), malgré la présence d'une couverture forestière haute et dense. Dans ce cas, il fréquente surtout les pointements rocheux ou les clairières peu arborées qui ponctuent la forêt de-ci de-là. La présence humaine n'est pas un facteur limitant si l'activité de l'homme n'est pas trop intense. Ainsi, il cohabite étroitement avec l'homme dans les zones rurales (hameaux, mas), mais de façon exceptionnelle dans les zones urbanisées modernes telles que les lotissements, les zones artisanales et industrielles.

Certaines populations se situent dans des zones très touristiques. C'est le cas notamment de l'île d'Oléron ou de la citadelle d'Entrevaux dans les Alpes-Maritimes.

En limite d'aire de répartition, sous influence atlantique (nord-ouest de l'Espagne, ouest de la France), le lézard ocellé a besoin de conditions d'insolation et de couverture végétale particulières pour se maintenir, ce qui réduit l'amplitude de sa

Habitats du lézard ocellé dans le sud de la France

Marc Cheylan

Vignes près de Thézan-des-Corbières, Aude.

Michel Geniez/Biotope

Coussouls dans la plaine de la Crau, Bouches-du-Rhône.

Michel Geniez/Biotope

Le plateau de Leucate, Aude.

Julien Viglione

Calanques de Marseille, Bouches-du-Rhône.

Marc Cheylan

Capitelle près du lac du Salagou, Hérault.

Marc Cheylan

Dalles rocheuses dans la plaine des Maures, Var.

Michel Geniez/Biotope

Oliveraie abandonnée à Ambrussum, Hérault.

Marc Cheylan

Étendues de *Lavandula stoechas*, plaine des Maures, Var.

La dune grise, ou dune fixée, constitue l'habitat de prédilection du lézard ocellé sur le littoral atlantique français. Île d'Oléron, Charente-Maritime.

niche écologique. Il y affectionne les terrains secs à forte tendance méditerranéenne, avec présence de chênes verts, de buis et de genêt scorpion. En Lozère et dans l'Aveyron, on le trouve souvent dans les formations à buis, sur les versants secs et rocheux des gorges du Tarn, dans les « rougiers » qui sont des formations à végétation rase sur sol argileux feuilleté (pelites), et de façon régulière à proximité des hameaux et dans les cimetières qui offrent des milieux stables, riches en abris. Dans ces deux départements, on notera son absence à peu près totale dans les étendues steppiques des Grands causses qui offrent pourtant des habitats ouverts a priori très favorables. Quelques mentions l'indiquent toutefois sur le Causse Noir, dans des formations herbeuses incluses dans des forêts de pins noirs et de pins sylvestres, et sur le causse du Larzac où il semble toutefois très rare. Dans le Lot en revanche, l'espèce est étroitement liée aux causses offrant des landes ouvertes piquetées de ligneux bas et des landes semi-fermées entretenues par le pâturage ovin, ainsi qu'aux pentes exposées au sud où l'érosion naturelle permet le maintien d'un faible couvert végétal. Il peut se maintenir sur des clairières de moins d'un hectare ceinturées par les boisements, sans que l'on connaisse la pérennité de telles « populations ».

Plus au nord, il ne se rencontre que dans les milieux ouverts peu arborés. En Dordogne et en Charente, il fréquente des coteaux et plateaux calcaires à végétation rase.

Sur le littoral atlantique, le lézard se rencontre surtout dans les milieux dunaires, plus particulièrement la dune grise végétalisée ainsi que dans les clairières. C'est le cas dans les Landes, en Gironde et sur l'île d'Oléron en Charente-Maritime. Dans ce dernier département, l'espèce occupe également un secteur de pelouses sèches silicicoles avec landes ouvertes à semi-ouvertes à bruyère à balais (ou brande) *Erica scoparia* et à bruyère cendrée *Erica cinerea*.

En Italie, le lézard ocellé occupe la frange littorale méditerranéenne de la Ligurie, qui est une région particulièrement escarpée. En fond de vallée, il occupe localement les lits caillouteux des rivières, les carrières et les oliveraies. Sur les premiers reliefs, ce sont surtout les secteurs de maquis et garrigues méditerranéennes qui accueillent l'espèce, avec pour espèces indicatrices le pin d'Alep, le chêne vert, le romarin, le buplèvre ligneux, etc. Ce sont souvent des zones incendiées à faible végétation arborée. Sur les hauteurs, il occupe les anciens

Biotope à lézard ocellé non loin de Clairvaux d'Aveyron. Il s'agit de pelouses calcaires bien exposées piquetées de chênes pubescents, buis, amélanchiers.

Une population de lézards ocellés occupe le sommet escarpé du Monte Acuto en Italie.

Récit de Grégory Deso, Gattière (Alpes-Maritimes), 19 mai 2009

Une adaptation à l'homme parfois troublante

Recherchant le lézard ocellé dans la basse vallée du Var, je me dirige vers des jardins munis de belles restanques. J'y rencontre une dame qui me questionne sur mes recherches. Je lui explique que je recherche le lézard ocellé et lui montre des photos. Dubitative, elle me répond avoir des lézards verts dans son jardin, mais elle me confie qu'elle ne pense pas qu'ils aient des ocelles bleus. Cette dame me propose de passer chez elle le lendemain matin. Pressé de voir son jardin, je me rends à 8 heures chez notre résidente de Gattières. J'inspecte les restanques et je trouve un lambeau de mue entre les pierres ! « Bingo c'est bien du lézard ocellé ». Je demande la permission de prospecter plus amplement son jardin, ce qu'elle accepte. Ce faisant, elle m'apporte un témoignage étonnant : « Figurez-vous, Monsieur, vous allez me prendre pour une folle. Cela fait plusieurs années que lorsque je ratisse les feuilles mortes aux pieds des restanques – pour les brûler –. Il y a souvent des bruits à côté de moi, peut-être un lézard, mais je n'arrive pas à voir ce que c'est et c'est assez bruyant… »

Perplexe, je lui demande si elle peut reproduire ces gestes pendant que j'observe au loin. La dame s'affaire à ratisser et regrouper les feuilles mortes pendant que je scrute les alentours, mais rien. Pas moins de 10 minutes s'écoulent lorsque elle me fait signe qu'elle entend du bruit !?!! De mon côté j'ai beau chercher, je ne vois rien… Je décide alors de la rejoindre tout en me posant des questions sur le sérieux de cette situation… Arrivé à moins de 5 mètres, je vois un lézard ocellé fuyant discrètement sous un bloc. Stupéfait, il me faut peu de temps pour lever le bloc et attraper le lézard pour le montrer à notre résidente. En y regardant de plus près, notre lézard ocellé a dans la gueule des résidus de terre et de feuilles mortes… Preuve que celui-ci a pris l'habitude de capturer de petits animaux cachés sous le lit de feuilles mortes.

Grégory Deso

Mâle adulte occupant les blocs des restanques (murettes des terrasses de cultures en provençal).

vergers avec murets, les escarpements et crêtes rocheuses à pins sylvestres, amélanchiers, genêts de Lobell, parfois environnés de forêts denses de hêtres, chênes caducifoliés, pins sylvestres, dans une ambiance montagnarde accusée, mais toujours sous influence maritime.

Très récemment, une population a été découverte dans une oliveraie enclavée au sein d'un terrain de golf. Dans cet environnement particulier, les animaux occupent des terriers situés au pied des oliviers et tolèrent assez bien le passage fréquent des joueurs.

Marc Cheylan

D'apparence peu accueillante, le golf de Garlenda (près d'Albenga en Italie) héberge une population de lézards ocellés. Les trous et crevasses des troncs d'oliviers leur servent de gîte.

EN ALTITUDE…

Tant que les habitats lui conviennent et que l'ensoleillement est suffisant lors de la période active, le lézard ocellé supporte, a priori, des conditions hivernales relativement rudes comme en témoignent certaines observations réalisées en altitude.

En Espagne, le lézard ocellé est connu à 2021 m en Catalogne sur le versant méridional de la Cim del Cuco (Pallars Sobirà, province de Lérida). Son extension en altitude est plus faible dans les sierras du centre et du nord où il ne dépasse guère 1750 m d'altitude. Notons que *Timon nevadensis* est signalé jusqu'à 2400 m dans la Sierra Nevada.

En France, le record se situe à 1670 m dans les Pyrénées-Orientales, à la réserve naturelle de Jujols (Maxime Briola et Vincent Rufray, com. pers.). Dans ce même département, le lézard ocellé a été observé à la frontière espagnole (Puigcerda) à 1550 m (Jean-Pierre Vacher, com. pers.). Dans le Gard, il atteint 960 m sur le massif de l'Aigoual (Marion Digier, com. pers.), 960 m en Lozère au sommet du Chastelas de Montclar (Stéphane Dulau, com. pers.), 840 m au Cade au-dessus de Millau en Aveyron (Françoise Poitevin, com. pers.) et 780 m en Ardèche près de Sanilhac. L'observation de Marty (1900) dans le Cantal près d'Aurillac a été réalisée à 580 m (observation non confirmée). En Drôme, il a été vu à 1000 m d'altitude à Lesches-en-Diois et dans les Hautes-Alpes, sur la commune de Ribiers vers 1100 m (Ecomed, com. pers.).

En Provence, les altitudes record enregistrées sont les suivantes : 1200 m sur la bordure sud du plateau de Caussols dans les Alpes-Maritimes (Philippe Orsini, com. pers.), 1100 m au lieu-dit le Viel Esclangon, commune d'Auzet dans les Alpes-de-Haute-Provence (Roger Isoard, com. pers.), 1000 mètres au sommet de la montagne Sainte-Victoire, 870 m à Prunières dans la vallée de la Durance (département des Hautes-Alpes) (Daniel Fougeray, com. pers.).

Marc Cheylan

Le plateau de Caussols est surtout connu pour abriter une importante population de vipère d'Orsini. Mais on y trouve également le lézard ocellé et le seps strié, dans les parties chaudes situées en versant sud.

En Italie, le site le plus élevé se situe sur le Mont Testa d'Alpe, vers 1000 m d'altitude, près de la frontière avec la France (Oneto et Ottonello, données inédites dans Salvidio et *al.*, 2011).

La plupart de ces sites sont couverts de neige plusieurs fois durant l'hiver, parfois durant de longues semaines. Cela ne semble pas affecter la présence du lézard ocellé.

L'INDISPENSABLE PRÉSENCE DES ABRIS

Plusieurs études ont montré l'importance des abris dans les habitats convoités par les reptiles. Ceux-ci sont utiles à plus d'un titre : protection contre les écarts thermiques, sites d'hibernation, refuges en cas d'attaque par des prédateurs, etc.

Selon les sites et les besoins, il peut s'agir de terriers creusés par d'autres animaux, d'amas de pierres, de roches fissurées, de ruines, de murets en pierres sèches.

Comme la plupart des reptiles européens, le lézard ocellé est incapable de creuser de vrais terriers dans le sol. Il doit donc s'en remettre aux abris que lui offre la nature pour se cacher. Les individus utilisant des trous de rongeurs ou des terriers de lapins abandonnés sont cependant capables de les entretenir (au moins pour un temps) et notamment d'en aménager l'entrée. Il en est de même pour les juvéniles qui utilisent et réaménagent souvent les terriers de grillons.

De manière générale, une corrélation positive s'observe entre la disponibilité en gites et les densités de population de lézard ocellé.

Le lézard ocellé : un adepte des feux de forêt !

La plaine des Maures (Var) a été parcourue par un immense incendie en 1979 et par plusieurs feux de moindre étendue ces dernières années, dont celui-ci en 2009. Ces feux favorisent la présence du lézard ocellé.

Les feux de forêt ont largement façonné les paysages méditerranéens. Ils en sont même un élément caractéristique. Catastrophe pour les uns, aubaine pour les autres, les incendies de forêts laissent rarement indifférents. Pour le biologiste, c'est un facteur de perturbation majeur des écosystèmes, mais aussi un passionnant sujet d'étude.

En 2010, nous nous sommes interrogés sur l'impact que ceux-ci pouvaient avoir sur les communautés de reptiles, sujet peu étudié jusqu'à présent. En collaboration avec Xavier Santos de l'Université de Barcelone, nous avons entrepris une étude dans le massif des Maures, une des zones les plus soumises à incendie du bassin méditerranéen. La comparaison a porté sur trois lots de sites : 30 sites non incendiés depuis au moins 60 ans, 30 incendiés en 2003 et 30 sites incendiés 4 ou 5 fois (en moyenne tous les 10 ans).

Les résultats montrent que le lézard ocellé se place en 9e position en terme de fréquence dans les zones témoins (non brûlées) avec 1,18 % du total des observations, en 4e position dans les zones brûlées une fois en 2003 (5,13 % des contacts) et en 2e position dans les zones fortement brûlées (20,35 % des contacts), juste après la tarente de Maurétanie. On peut donc en conclure que le lézard ocellé est fortement favorisé par les incendies de forêt, ce qui ne doit pas surprendre compte tenu de ses exigences d'habitats. Ceci étant, l'étude a aussi montré que la tortue d'Hermann souffrait grandement du passage du feu, au point de disparaître dès le passage de deux feux trop rapprochés dans le temps. Cela pose le dilemme de la protection de la nature : doit-on privilégier la tortue d'Hermann ou le lézard ocellé ?

Nombre et fréquence relative des différents reptiles dans le massif des Maures en fonction des modalités d'exposition à l'incendie.

	Non brûlé		**Un feu**		**4-5 feux**		**Total**	
Espèces	**N**	**%**	**N**	**%**	**N**	**%**	**N**	**%**
Testudo hermanni	10	11,76	4	3,42	0	0,00	14	4,44
Tarentola mauritanica	5	5,88	8	6,84	63	55,75	76	24,13
Podarcis muralis	18	21,18	54	46,15	7	6,19	79	25,08
Lacerta bilineata	40	47,06	34	29,06	12	10,62	86	27,30
Timon lepidus	**1**	**1,18**	**6**	**5,13**	**23**	**20,35**	**30**	**9,52**
Psammodromus hispanicus	0	0,00	5	4,27	6	5,31	11	3,49
Anguis fragilis	1	1,18	0	0,00	0	0,00	1	0,32
Chalcides striatus	0	0,00	0	0,00	1	0,88	1	0,32
Malpolon monspessulanus	5	5,88	6	5,13	1	0,88	12	3,81
Rhinechis scalaris	1	1,18	0	0,00	0	0,00	1	0,32
Zamenis longissimus	2	2,35	0	0,00	0	0,00	2	0,63
Natrix natrix	2	2,35	0	0,00	0	0,00	2	0,63
Total observations	**85**		**117**		**113**		**315**	
Total espèces	**10**		**7**		**7**		**12**	

Références : Santos & Cheylan, 2013.

Récit de Matthieu Berroneau, Moliets-et-Maâ (Landes), 20 avril 2009

Un parking pour… les lézards ocellés.

Dans le centre des Landes, sur le littoral, un parking permettant l'accès à la plage est cerclé de rochers pour limiter la pénétration de l'arrière-dune par les véhicules. Ce parking est occupé par plusieurs Lézards ocellés qui se servent de ces rochers comme abris. Un des mâles présents sur le site est particulièrement gros. Très agité, il ne cesse de rentrer et sortir de son abri, s'en éloigne, revient. Les autres lézards l'évitent. Il finit toutefois par rentrer dans son abri, ce qui permet à un autre mâle, plus petit, de prendre ses aises. Il gravite de rochers en rochers, chasse un insecte, longe un buisson… Une voiture approche. Celle-ci se dirige vers le fond du parking, et va longer les rochers. Le petit mâle ne semble pas effarouché, mais se rapproche toutefois du premier abri venu… C'est malheureusement dans cet abri que se tient le grand mâle ! Le petit individu fait demi-tour et détale, poursuivi par le grand mâle. Les deux individus traversent le parking à toute vitesse… devant la voiture qui se rapproche. Aucun des deux lézards ne sera finalement écrasé, et chacun rentrera dans son abri respectif. Le conducteur de la voiture, lui, n'a rien vu…

Récit de Florian Doré, Pierre Grillet et Marie-Do Couturier, Oléron, 4 mai 2008

Dimanche… Jour de ménage

Ce dimanche, nous sommes sur Oléron pour observer les premières sorties de lézard ocellé. Le temps est favorable et nous observons plusieurs individus s'insolant à l'entrée de leur gîte respectif. Nous prenons un peu plus de temps avec une femelle qui fait des allées et venues dans un ancien terrier de lapin, le mâle se tenant immobile à proximité. Elle paraît rentrer de nouveau mais nous voyons son corps dépasser de l'entrée. Soudain elle se lance dans ce qui nous semble un « ménage dominical ». Celle-ci s'agite et nous observons de nombreux mouvements de pattes. Elle fait voler le sable derrière elle, comme le ferait un lapin creusant son terrier. Ceci dura plusieurs minutes durant lesquelles la femelle désensabla l'entrée de son gîte en le reprofilant.

Pierre Grillet

Cet ancien trou de rongeur, de forme ovale horizontale, est occupé par un lézard ocellé qui l'aménage régulièrement. Oléron.

Ainsi, dans la plaine de la Crau, certaines zones réunissaient dans les années 1992-1993 jusqu'à 7 à 8 individus par hectare alors que dans d'autres secteurs dépourvus d'abris mais en tout autres points identiques, les lézards étaient quasiment absents. La différence essentielle entre ces secteurs est la présence ou non de monticules de galets érigés lors de la deuxième Guerre mondiale afin d'empêcher un débarquement aéroporté. Dans les secteurs dépourvus de ces monticules, les lézards ocellés ne s'observent que durant leurs premiers mois de vie, lorsque leur petite taille leur permet de se cacher sous de petites pierres. Une corrélation a même été trouvée entre la taille du lézard et celle des pierres sous lesquelles il se cache !

Récit de Pierre Grillet, La Rochebeaucourt (Dordogne), mai 2002

À la recherche du lézard ocellé en Dordogne

Dans le nord de la Dordogne, nous recherchons le lézard ocellé le long d'un coteau herbeux. Les faibles densités de population rendent les observations directes aléatoires et difficiles... Après avoir trouvé un subadulte réfugié sous une grosse pierre, nous repérons quatre entrées de terriers de lapin creusés à même le coteau. Nous examinons chacune de ces entrées à la recherche d'un indice : une crotte, des restes de mue... Il n'est pas possible ici de repérer des traces en raison de la nature du terrain. Devant l'une des entrées, un morceau de peau ne laisse aucun doute : il s'agit d'un reste de mue de lézard ocellé compte-tenu de la largeur des écailles ventrales. Nous décidons de nous cacher à quelques mètres de l'entrée en espérant y voir un lézard sortir. Au bout d'une dizaine de minutes, nous observons une tête qui émerge du trou et qui observe... un superbe lézard ocellé adulte situé à proximité du terrier pour thermoréguler de longues minutes avant de commencer à se déplacer.

Michel Geniez/Biotope

Un milieu ouvert et riche en nourriture ne suffit pas au lézard ocellé. La présence d'abris reste indispensable. Les tas de galets mis en place en Crau durant la dernière Guerre mondiale pour contrer un débarquement aéroporté constituent d'excellents abris pour les lézards. Bouches-du-Rhône.

Sur les coteaux secs de Dordogne, une étude récente met en avant le fait que le seul facteur corrélé positivement à la présence du lézard ocellé est le nombre d'abris.

Sur le littoral atlantique, le lézard ocellé fréquente des milieux dunaires généralement dépourvus de rochers et pauvres en végétation arborée. Les secteurs de dunes a priori favorables mais dépourvus de gîtes sont dans ce cas délaissés, sauf si les lapins ont eu la bonne idée de s'y installer. En l'absence de lapins, ce sont les infrastructures humaines (blockhaus, pistes bétonnées, etc.) et, de manière plus secondaire, les pins anémomorphosés, les yuccas, et quelques ronciers inégalement répartis sur la dune qui servent d'abris. Mais ces derniers servent surtout de gîtes temporaires. Sur Oléron, la relation étroite entre la présence de gîtes et celle du lézard ocellé a également été démontrée. Les activités du lézard ocellé se concentrent essentiellement autour d'un réseau de gîtes qui vont rendre son habitat sûr, confortable et accueillant pour d'autres individus. Les études menées montrent que les lézards connaissent parfaitement leur territoire de vie, ainsi que les emplacements de chacun des gîtes. Les informations fournies par les suivis télémétriques (détaillées dans le chapitre « Domaine vital et utilisation de l'habitat ») confirment cette relation.

Références

Les habitats ouverts de type méditerranéen : Blázquez *et al.* (1998), Cheylan (1972), Destre *et al.* (2000), Garcia *et al.* (1982), Mateo (2002), Pleguezuelos & Feriche (2003), Pottier (2003), LPO Aveyron (2008), Thomas *et al.* (2003), Traversier (2010), Rivera *et al.* (2011) – **L'indispensable présence d'abris :** Berroneau (2012), Bonnet *et al.* (2009), Christian *et al.* (1984), Delibes-Mateos *et al.* (2008), Doré *et al.* (2011a), Díaz *et al.* (2006), Galvez-Bravo *et al.* (2009), Huey *et al.* (1989), Mateo (2011), Milne & Bull (2000), Millidine *et al.* (2006), Paulo (1988), Sabo (2003), Scharzkopf & Alford (1996), Webb & Shine (2000), Vicente (1989).

Gîtes du lézard ocellé à Oléron...

Pierre Grillet

Terriers de lapin [1],

Florian Doré

tas de bois,

Florian Doré

Florian Doré

trou de rongeur,

Florian Doré

souche d'arbre,

Florian Doré

blockhaus en ruine.

... et ailleurs

Jean-Yves Kernel/Biotope

Trou de guêpier (voir aussi p. 89) en bord de vigne, Hérault.

(1) À peine creusés, ces terriers ont été presque aussitôt colonisés par les lézards ocellés !

Espèces alliées

L'importance du lapin de garenne pour le lézard ocellé s'est révélée ces dernières années de façon évidente, notamment grâce aux observations faites sur l'île d'Oléron. De fait, de nombreuses interactions lient ces deux espèces au point de pouvoir les qualifier de quasi mutualistes. Cette association entre un mammifère et un reptile mérite d'être contée...

Florian Doré

La cohabitation entre le lézard ocellé et le lapin de garenne est régulière en milieu dunaire. Oléron.

LE LAPIN DE GARENNE : UN ALLIÉ DE POIDS

Le lapin, comme le lézard ocellé, a ses origines en Espagne où le genre apparaît au Miocène dans la région de Grenade. Au Pliocène (entre –5,3 millions et –2,6 millions d'années), on identifie deux espèces : *Oryctolagus lacosti* dans le sud de la France et le nord-ouest de l'Italie et *Oryctolagus laynensis* en Espagne, qui donnera, à partir du Pléistocène, l'espèce actuelle *Oryctolagus cuniculus*.

Pendant longtemps, on a considéré que le lapin était d'arrivée récente en France, à la suite d'introductions menées par les Romains à partir de l'Espagne. Ceci a été réfuté par les archéozoologues depuis de très nombreuses années, et largement démontré par les études récentes. De fait, le lapin est présent sur le territoire français depuis le Pléistocène inférieur (–2,5 millions d'années à –780 000 ans), comme l'atteste la découverte de fossiles dans les grottes de Montoussé dans les Pyrénées centrales. Au Pléistocène moyen (–780 000 à –126 000 ans), il est connu d'au moins 16 gisements dans le sud de la France, le plus septentrional étant celui de La Chaise-de-Vouthon en Charente, 30 kilomètres à l'est d'Angoulême. Durant les premières phases de la période glaciaire du Würm (qui va de –115 000 et –10 000 ans), on le retrouve dans divers sites moustériens du Midi méditerranéen et dans la grotte de Bourgeois-Delaunay sur la commune de la Chaise-de-Vouthon en Charente. Des restes de lapin datant de la période culturelle Aurignacienne (vers –33 000 à –26 000 ans) ont été retrouvés dans trois départements du sud-ouest de la France : Tarn, Dordogne et Lot. Durant la période Solutréenne (vers 20 000 à 15 000 avant J.-C.) le lapin n'est connu que d'un seul site en dehors

Mâle en thermorégulation dans la dune grise,
un milieu entretenu par l'action du vent, des embruns et des lapins…

Florian Doré

La présence du lapin de garenne est primordiale pour le lézard ocellé sur certains sites.

Florian Doré

de l'aire méditerranéenne ; la grotte de l'Église en Dordogne. Au Magdalénien (vers 15 000 à 10 000 avant J.-C.), il est attesté dans de nombreux gisements du sud-ouest (Dordogne, Lot, Corrèze), jusqu'à Montmorillon dans la Vienne. Malgré ses besoins thermiques importants et sa répugnance pour les climats humides, il semble avoir traversé sans encombre la dernière période glaciaire.

Au Néolithique (dès 6000 ans avant J.-C. dans le sud de la France, et vers –5000 dans le nord), le lapin est communément mentionné dans les gisements préhistoriques de la région méditerranéenne, mais semble rare plus au nord. Le seul site donné par Callou est celui de Gensac-la-Pallue en Charente. À l'âge du Bronze (vers 1800 à 700 avant J.-C.), et à l'âge du fer (entre –700 et la conquête romaine), le lapin semble cantonné à la région méditerranéenne si l'on exclut sa présence sur le site de Carsac en Dordogne. De façon assez surprenante, la période romaine ne voit pas son installation au-delà de l'aire méditerranéenne française, puisqu'il ne semble avoir été identifié à ce jour que sur le site de Argentomagnus dans l'Indre. Dans le sud de la France, le lapin sera élevé dans des *leporaria* : enclos construits à côté des camps romains permettant de conserver lièvres et lapins pour consommer les « laurices » (lapereaux nouveau-nés).

Ces éléments montrent que le lapin, malgré sa forte spécificité méditerranéenne, ne semble pas avoir quitté le territoire français durant le quaternaire, pas même durant l'optimum glaciaire de la fin du Würm. Sa présence en dehors de l'aire méditerranéenne durant les phases les plus froides du Pléistocène supérieur (Aurignacien, Périgordien et Magdalénien) est avérée et non contestable. On peut penser qu'il a pu en être de même pour le lézard ocellé, bien que l'on ne dispose pas d'un corpus archéozoologique aussi riche pour cette espèce.

La coexistence ancienne de ces deux espèces sur un même territoire explique sans doute la proximité des relations qui se sont établies entre elles. On peut même proposer l'idée selon laquelle le lapin aurait « ouvert la voie » au lézard ocellé lors de son expansion hors d'Espagne.

De manière générale, le lapin joue un rôle considérable dans les écosystèmes en tant que ressource alimentaire mais également comme agent d'entretien des milieux ouverts. Il constitue une source de nourriture importante pour de nombreux prédateurs : renard roux, putois, hibou grand-duc, etc. C'est aussi un élément clé dans le maintien d'espèces rares comme le lynx pardelle et l'aigle ibérique en Espagne ainsi que l'aigle de Bonelli dans le sud-est de la France.

L'association lézard ocellé-lapin a été prouvée sur plusieurs sites. C'est le cas sur l'île de Berlenga au Portugal (avant que la population de lézard ocellé ne disparaisse), sur l'île d'Oléron, ainsi que pour des populations continentales comme celle de Camargue, de Bussac-Forêt, dans le sud de la Charente-Maritime ou de la Rochebeaucourt dans le nord de la Dordogne. L'attraction du lézard ocellé pour le lapin tient essentiellement à l'utilisation des terriers comme refuges. Le rôle tenu par les terriers de lapin, au moins dans certaines conditions (stations plus septentrionales, climat moins chaud, absence de gîtes naturels...), est bien réel. Ainsi, 86 % des gîtes utilisés par le lézard ocellé en 2001 sur l'île d'Oléron étaient des terriers de lapin. En outre, il a été montré que l'abondance du lézard ocellé suivait très étroitement celle du lapin. Le déclin de l'un entraînant le déclin de l'autre.

Le second rôle attribué au lapin est l'entretien des milieux ouverts. Ce rôle semble particulièrement important pour le lézard ocellé qui se complaît là où la végétation est rase. On a pu faire ce constat sur Oléron à la suite du déclin du lapin sur un des secteurs anciennement occupés. Suite à la disparition du lapin, on pu observer la

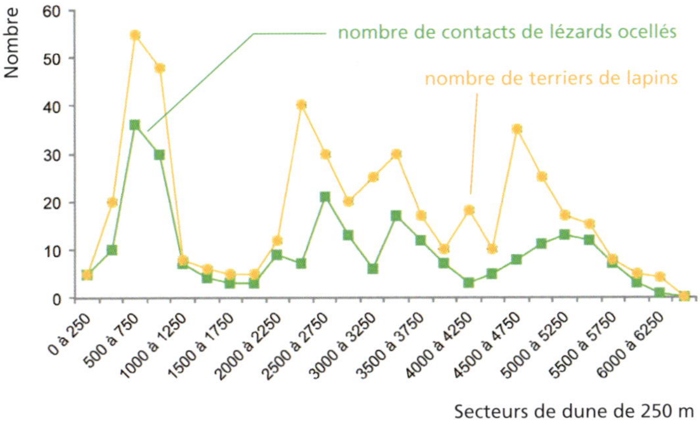

Nombre de contacts de lézards ocellés (en vert) et nombre de terriers de lapins (en orange) relevés par tronçons de 250 m le long de la dune d'Oléron.

rapide intallation d'une strate herbacée très dense de carex des sables, sur un habitat antérieurement très peu végétalisé. Ceci s'est traduit par une baisse importante du nombre d'observations de lézard ocellé en l'espace de quatre années seulement (entre 2002 et 2006) alors qu'il restait encore quelques abris. Dans le même temps, le nombre de contacts avec le lézard vert s'est considérablement accru. Le suivi par télémétrie d'un lézard ocellé a par ailleurs montré qu'il évitait cette strate végétale très dense et trop étendue, bien qu'elle soit partie intégrante de son domaine vital.

En Camargue, le déclin généralisé du lapin au cours des 20 dernières années a eu pour conséquence l'expansion des fourrés à filaires *Phillyrea angustifolia* au détriment d'espèces liées aux milieux sableux ouverts tels que le pélobate cultripède ou le lézard ocellé (Anthony Olivier, com. pers.).

Le lapin maintient les pelouses rases favorables au lézard ocellé mais il crée également, en milieu dunaire, des micro-perturbations bénéfiques à de nombreuses espèces végétales telles le cynoglosse des dunes *Omphalodes littoralis*, une plante protégée au niveau national (Claude Dauge, com. pers.).

Florian Doré

Le cynoglosse des dunes, une espèce protégée rare, limitée à quelques secteurs dunaires du littoral atlantique, dont l'île d'Oléron. Sa présence est favorisée par les grattis des lapins.

Pierre Grillet

Cette zone dunaire a été rapidement colonisée par le carex des sables du fait du déclin du lapin de garenne et des ensablements hivernaux. Cette végétation forme une strate herbacée très dense, impropre à la présence du lézard ocellé. Île d'Oléron.

Enfin, on notera que les crottes de lapin sont attractives pour de nombreux coléoptères coprophages, particuièrement recherchés par le lézard ocellé. On peut donc assigner un rôle positif au lapin pour la ressource alimentaire.

Outre les points qui viennent d'être évoqués, le lapin joue également un rôle dans la dissémination de certaines graines. Cette caractéristique contribue à la diversification de la ressource alimentaire pour le lézard ocellé en favorisant certains végétaux eux-mêmes attractifs pour les insectes. La faculté germinative de la majorité des graines consommées est maintenue après passage par les voies digestives du lapin, voire même augmentée comparativement à la consommation par d'autres herbivores.

De ce qui précède, on peut conclure que le lapin de garenne est un allié de poids pour le lézard ocellé. Dans les stations où les deux espèces cohabitent, le devenir des populations de lapin de garenne devra donc être sérieusement pris en compte dans la perspective d'actions en faveur du lézard ocellé.

Références

Avila *et al.* (1988), Callou (1995, 2003), Cerván Carmona & Pardo Navarro (1997), Cosyns *et al.* (2005), Delibes-Mateos *et al.* (2008), Díaz (2000), Galante & Cartagena (1999), Galvez Bravo *et al.* (2009), Grillet (2008), Grillet *et al.* (2010b), Jones *et al.* (1994), Malo *et al.* (1995, 2000), Read *et al.* (2008), Sánchez-Piñero & Avila (1991), Thirion & Grillet (2002), Ward (2005).

D'AUTRES ESPÈCES ALLIÉES EN FONCTION DES MILIEUX ET DES SECTEURS GÉOGRAPHIQUES

D'autres espèces animales peuvent offrir des abris confortables au lézard ocellé : c'est le cas de certains petits rongeurs grâce à leurs galeries, mais également d'oiseaux tel le guêpier d'Europe… Ce dernier offre de belles habitations que le lézard ocellé sait parfaitement mettre à profit dans plusieurs régions de France. C'est le cas dans les plaines viticoles du centre de l'Hérault où il est commun d'observer le lézard ocellé à l'entrée de trous de guêpiers. Ces terriers, d'un diamètre d'une dizaine de centimètres et d'une profondeur pouvant atteindre le mètre offrent au lézard un abri idéal lors des périodes chaudes estivales et sans doute aussi pour l'hibernation. De par leur position dominante, ils offrent également un poste d'observation apprécié en cas d'attaque par un prédateur.

Florian Doré

Ancien trou de guêpier occupé, Notre-Dame-de-Londres, Hérault.

Joseph Celse

Jeune lézard ocellé à l'entrée d'un trou de guêpier.

Joseph Celse

Partie 3

Histoire naturelle du lézard ocellé

Pénétrer l'histoire naturelle du lézard ocellé, c'est mieux comprendre ses traits d'histoire de vie, comprendre les besoins et contraintes liés à l'alimentation, à la reproduction, à l'espérance de vie, aux facteurs de mortalité, ou encore la structure interne d'une population. Autant de facteurs qu'il convient d'appréhender préalablement à toute action conservatoire.

Malgré ses couleurs, ce lézard ocellé se fond parfaitement dans son environnement.

Un prédateur opportuniste

Quelle est la ressource alimentaire utilisée par le lézard ocellé à l'intérieur de son « domaine de vie » ? Comment évolue le régime alimentaire au cours de l'année ? Recherche-t-il des proies particulières ou est-il plutôt opportuniste ? Comment s'adapte-t-il aux ressources propres à chacune des situations ? Voilà quelques-unes des questions auxquelles ce chapitre tente de répondre.

L'étude de son régime alimentaire est également un très bon moyen d'appréhender la petite faune des habitats à lézard ocellé. Jusque dans les années 80, les études sur l'alimentation étaient réalisées à partir de contenus stomacaux. Par la suite, elles ont fait appel à des analyses de fèces, sans impact sur les individus.

RÉGIME ALIMENTAIRE

RÉGIME ET ADAPTATION

Le lézard ocellé recherche généralement ses proies au sol, en parcourant le terrain de façon active. Dans certains cas, il peut aussi chasser à l'affût, notamment pour capturer des proies mobiles telles que bourdons, abeilles etc. Les coléoptères et autres insectes à exosquelette dur sont majoritaires dans son régime. Relativement varié, celui-ci dépend de facteurs tels que la ressource disponible, l'âge, la taille et le sexe des lézards, la période de l'année et bien entendu la localisation géographique. Il est donc considéré par certains auteurs comme opportuniste. La taille moyenne des proies avoisine 18 mm (min 2.3 ; max 57.6). Elle croît au cours de la vie de l'animal.

Une étude menée sur une population du centre de l'Espagne fait clairement apparaître que la variation du régime alimentaire au cours de la croissance est étroitement dépendante du changement morphologique de la dentition. Au fur et à mesure que les lézards augmentent en taille, les proies ingérées sont plus grosses et plus dures. Ceci correspond à la modification progressive des dents antérieures qui sont remplacées par d'autres de taille plus importante qui peuvent être utilisées comme de véritables « canines » pour perforer les carapaces.

Dans le sud-est de la péninsule Ibérique (régions les plus arides de sa distribution), les lézards ocellés présentent encore d'autres adaptations pour ingérer les proies plus dures, par la réduction du nombre de dents et l'apparition de dents aux configurations proches de molaires (molariforme). Au contraire, les populations de Galice et des Asturies présentent un plus grand nombre de dents et l'absence de dents différenciées chez les adultes en lien avec un régime plus diversifié et généraliste qui diffère de celui adopté dans le reste de sa distribution.

Un particularisme alimentaire étudié en péninsule Ibérique

En Espagne et au Portugal, les études réalisées sur le régime alimentaire mettent en avant une forte consommation de coléoptères. Mateo a comparé le régime alimentaire de 21 populations ibériques dont deux étaient localisées en milieu insulaire, sur les îles de Galice (nord-ouest de l'Espagne) et l'île de Paloma (sud-est de l'Espagne, près de Cartagène). Si la forte consommation de coléoptères (de 40 à 80 %) est remarquable pour toutes les populations continentales, celles des îles de Galice et de Paloma s'en distinguent par une consommation relativement importante de fruits. Sur le continent, les populations de la côte de Galice et d'Alicante se distinguent des autres par une consommation importante de mollusques (14 à 15 % alors qu'elle est en moyenne inférieure à 3 % pour les autres populations).

Références : Bischoff *et al.* (1984), Castilla *et al.* (1991), Mateo (1988), Pérez-Mellado (1998), Pleguezuelos *et al.* (1999), Vicente (1989), Vicente *et al.* (1995).

Romain Datcharry

Les rougiers de Camarès (Aveyron) offrent des milieux secs très propices au lézard ocellé et de beaux décors pour mettre en valeur les couleurs de l'animal !

De façon générale, le lézard ocellé ne semble pas avoir une préférence particulière pour certaines familles de coléoptères et la présence de telles ou telles dans son régime dépend pour partie de la disponibilité alimentaire. Ainsi, les Tenebrionidae sont bien consommés par les populations localisées dans les milieux côtiers sableux alors que ce sont les scarabées qui sont les plus consommés dans les dehesas du centre de la péninsule Ibérique.

Toujours en péninsule Ibérique, un certain nombre de travaux soulignent l'importance de la consommation d'hyménoptères et d'hétéroptères. Chez les hyménoptères, ce sont essentiellement les espèces ailées qui sont consommées alors que les fourmis sont surtout consommées de manière occasionnelle et principalement par les juvéniles. Les orthoptères (criquets et sauterelles) apparaissent de manière plus irrégulière, bien que ceux-ci représentent une part importante de la biomasse dans les biotopes occupés par le lézard ocellé. Ceci tient à ce que les criquets et les sauterelles sont des proies plus difficiles à capturer pour les lézards ocellés. Les lépidoptères (papillons) sont également consommés de manière irrégulière, essentiellement leurs larves (chenilles).

Comme nous l'avons déjà remarqué pour les populations de Galice, les gastéropodes peuvent constituer, dans certains cas, une part importante de l'alimentation.

Les végétaux apparaissent régulièrement dans le régime puisque l'on en trouve dans 80 % des bols alimentaires du lézard ocellé dans le centre de la péninsule Ibérique. Il est difficile d'affirmer toutefois qu'il s'agit toujours de prises volontaires ; des débris végétaux peuvent en effet être ingurgités lors de l'ingestion d'une proie comme le montre la découverte de fragments de plastique ou de papiers.

La présence assez régulière de fruits correspond en revanche à un choix alimentaire, comme cela a été confirmé par l'observation. Parmi les fruits (ou graines) retrouvés dans les estomacs ou les crottes, on peut signaler la présence de mûres, de fruits d'églantiers, de fleurs d'asteracées comme le souci *Calendula* sp., de fleurs et fruits de légumineuses, de luzerne *Medicago* sp., de baies de genévriers et d'éphèdre ou raisin de mer *Ephedra distachya*.

Dans le centre de la péninsule Ibérique, A. Castilla et collaborateurs identifient 58 proies vertébrées parmi 9600 proies. Les espèces concernées sont les suivantes : musaraignes *Crocidura* sp., mulot sylvestre *Apodemus sylvaticus,* campagnol provençal *Microtus duodecimcostatus,* lérot *Eliomys quercinus,* perdrix rouge *Alectoris rufa,* lézard ocellé *Timon lepidus,* lézard catalan *Podarcis liolepis,* psammodrome algire *Psammodromus algirus,* amphisbène *Blanus cinereus,* couleuvres aquatiques *Natrix* sp. et pélobate cultripède *Pelobates cultripes*. Les restes de perdrix rouge correspondent à des restes d'œufs et de poussins.

En France, le régime alimentaire du lézard ocellé est bien moins documenté. On dispose toutefois de trois études : une étude réalisée dans le sud de la France à partir de contenus stomacaux, une étude menée dans la plaine de la Crau à partir de collecte de crottes et une étude réalisée sur l'île d'Oléron, également à partir de crottes.

L'étude menée dans le sud de la France repose sur l'analyse de 21 contenus stomacaux. Elle révèle la présence de 14 ordres d'invertébrés au sein desquels on rencontre 57 % de coléoptères, 12 % d'orthoptères, 9 % d'hyménoptères. Les autres groupes représentés sont les mollusques, crustacés, myriapodes, arachnides, hémiptères, diptères, lépidoptères (chenilles), dermaptères, dictyoptères.

L'étude menée dans la plaine de Crau, repose sur un échantillon de 221 fèces récoltées entre mai et septembre 2010 sur sept localités. Cette étude révèle un régime alimentaire composé à 83 % de proies animales dont 92 % d'insectes. Les 4 029 proies et restes végétaux analysés ont permis d'identifier 156 taxons différents. Le régime se compose majoritairement de coléoptères (26,7 %), d'orthoptères (23 %), d'hyménoptères (19,3 %), de dermaptères (6,1 %) et de fruits (17,1 %). En moyenne, chaque crotte contient 20,6 taxons

Florian Doré

Mâle consommant un coléoptère fraîchement capturé (individu captif au Zoodyssée de Chizé, Deux-Sèvres).

Joseph Celse

Même de grande taille, les escargots sont appréciés par le lézard ocellé. Massif des Maures, Var.

différents. Les coléoptères coprophages ne représentent que 2,1 % de tous les coléoptères consommés, ce qui est surprenant pour un site aussi fortement pâturé. La richesse taxinomique des proies consommées ne diffère pas entre les juvéniles et les adultes, mais elle varie dans sa composition entre classes d'âge. Au fil de la saison d'activité, les prises alimentaires évoluent : les mûres sont surtout consommées en août tandis que le mois de juillet se caractérise par une forte consommation d'orthoptères (64.3 %).

L'étude réalisée sur l'île d'Oléron repose sur la récolte standardisée de fèces en 2002 et 2006. Les fèces ont été récoltées par décade sur l'ensemble de la période d'activité du lézard ocellé, soit de mars à octobre. Plus de 900 proies ont pu être analysées à partir d'un échantillon de 102 fèces.

Dans cette étude, les insectes représentent 60 % des proies, les fruits 20 % et les mollusques 11 %. Au sein des insectes, deux ordres sont fortement consommés : les coléoptères (36 % de l'ensemble des proies) et les hyménoptères (22 % de l'ensemble des proies). La plupart des coléoptères, appartiennent à deux familles : les Coccinellidae (14 % des coléoptères) tout particulièrement *Coccinella septempunctata* et les Curculionidae (18 % des coléoptères), notamment *Philopedon plagiatum* qui est une espèce très répandue dans le milieu dunaire. Les autres familles sont les Staphylinidae, les Scarabaeoidea dont *Polyphylla fullo*, les Tenebrionidae, les Elateridae, les Carabidae dont *Cicindela campestris*, les Chrysomelidae, les Histeridae et les Cerambycidae. Les orthoptères sont quasi absents du régime (0,75 % des proies) malgré leur abondance sur le site.

Chez les hyménoptères, la famille la mieux représentée est celle des Apidae qui contient des taxons de grandes tailles. Dans cet ordre, la majorité des individus appartient au genre *Bombus*. Dans une moindre mesure, des Vespidae du genre *Vespa* ont été retrouvés. Les hyménoptères sont attrapés à proximité des plantes à nectar et tout particulièrement d'*Echium vulgare* (la vipérine) où le lézard ocellé se saisit de sa proie en vol en

Pierre Grillet

Le lézard ocellé consomme volontiers des fruits, notamment les mûres de ronce.

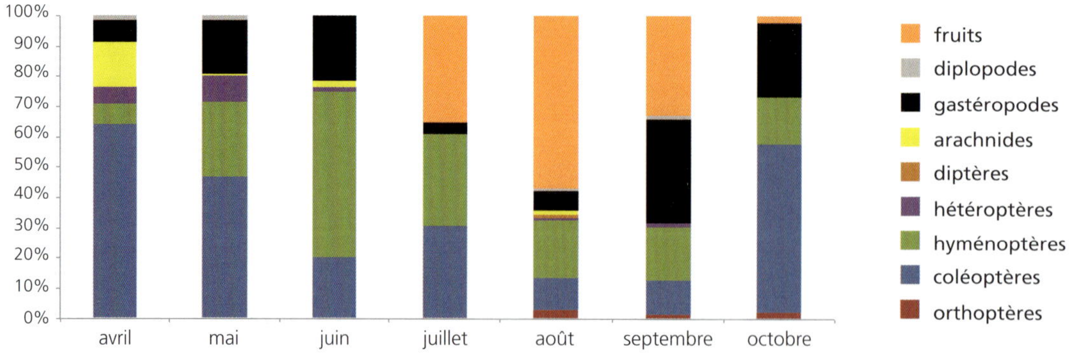

Évolution mensuelle du régime alimentaire sur l'île d'Oléron (Repris de Thirion *et al.* 2009).

Récit de Pierre Grillet, île d'Oléron

Un jeune en apprentissage

En juillet 2001, un petit groupe de lézards composé de deux mâles, une femelle et un jeune était observé à proximité d'un blockhaus en bord de mer. Ceux-ci ne manifestaient aucune agressivité les uns vis-à-vis des autres et étaient visiblement occupés à la recherche de nourriture... Très rapidement, seuls deux lézards sont restés visibles : un mâle adulte et le jeune. L'adulte était en partie « embusqué » au sein d'une touffe herbacée... De temps en temps, le mâle effectuait de petits sauts en essayant d'attraper des insectes volants sans grand succès... Tout ceci sous l'œil, a priori très curieux, du jeune lézard. Au bout de quelques minutes, au prix d'un saut impressionnant, le mâle parvint à saisir un insecte, probablement un bourdon, toujours sous le regard du jeune... Presque immédiatement après cette capture, le mâle disparut dans un abri. C'est alors que le jeune a pris la place du mâle pour adopter ou plutôt essayer d'adopter la même technique de chasse : de nombreux petits sauts qui se sont révélés infructueux... Celui-ci semblait vraiment vouloir imiter un comportement qu'il venait lui-même d'observer !

effectuant un petit bond. Quelques Formicoidea ont pu être notés dans certaines crottes mais restent des proies ponctuelles.

Chez les hétéroptères, une punaise de la famille des Pentatomidae a été trouvée à plusieurs reprises. Des mandibules de larves de Myrmeleontidae (fourmilions) ont été découvertes dans une fèces du mois d'avril.

Les mollusques sont capturés quant à eux sur les tiges des plantes où ils ont tendance à se regrouper en période estivale. Ceux-ci sont consommés à une taille qui varie entre 8 et 25 mm de diamètre. Ce sont tous des gastéropodes terrestres xériques de la famille des Helicidae, le plus consommé étant *Theba pisana*. On note également d'autres taxons : *Cernuella* sp. ou *Cochlicella acuta*.

Chez les arachnides, un nombre important d'*Eresus kollari,* espèce d'aranéide Eresidae méridionale rare en Charente-Maritime, a été trouvé. Il a également été notée une espèce d'opilion, *Phalangium opilio* et à plusieurs reprises au printemps, des restes de diplopodes (myriapode).

La consommation de fruits ne concerne que les baies rouges d'éphèdre *Ephedra distachya* qui est une plante typique des dunes grises anciennes.

Une seule fèces contenait des poils de mammifère, de type petit Muridae (souris ou mulot). L'extrême rareté (0,2 %) des vertébrés dans cette analyse correspond au constat fait en Espagne avec des fréquences comprises entre 0 et 2,18 %.

Florian Doré

Les dunes d'Oléron sont très propices à *Eresus kollari*. Les mâles, comme cet individu, sont facilement repérables au début du printemps.

Florian Doré

Les fruits rouges de l'éphèdre sont très appréciés par le lézard ocellé (île d'Oléron).

UN RÉGIME VARIÉ SELON LA SAISON

La composition du régime alimentaire évolue notablement au cours de la période active comme ont pu le montrer les études réalisées dans le centre de l'Espagne, sur l'île d'Oléron et dans la plaine de la Crau.

Sur Oléron, la diversité des proies consommées (richesse en espèces) est faible en mars, maximale en avril, puis réduite en mai, juin et juillet. Un second pic de diversité s'observe en août, suivi d'une décroissance en septembre et octobre (figure ci-dessous). La diversité taxinomique (richesse en espèces et fréquence relative de chacun des taxas) suit un schéma similaire, hormis le pic de fin de saison qui se place dans ce cas en septembre et non en août.

Les choix alimentaires illustrent ce schéma (voir tableau en annexe 3 p. 183). En début de saison (avril et mai), ce sont les coléoptères qui dominent (> 35 %), suivis des hyménoptères, hétéroptères, arachnides, mollusques (entre 5 et 35 %). En juin, ce sont les hyménoptères qui dominent, suivis par les coléoptères et les mollusques. En milieu d'été (juillet et août), ce sont les fruits qui tiennent la place la plus importante, puis en deuxième position les coléoptères et les hyménoptères.

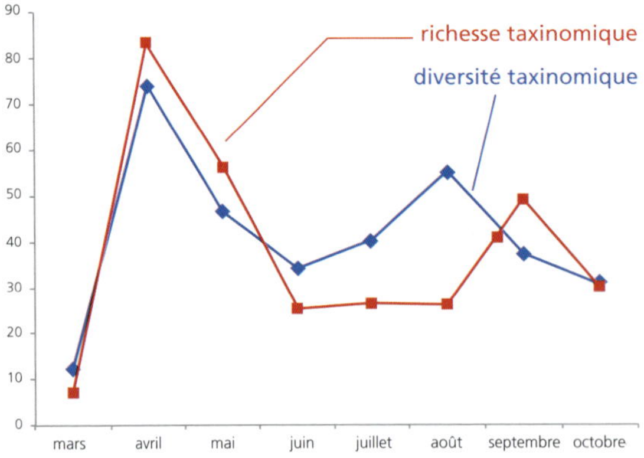

Évolution mensuelle de la richesse et de la diversité du régime alimentaire du lézard ocellé sur l'île d'Oléron. La richesse représente le nombre de types de proies différentes consommées ; la diversité, la relation fréquence/richesse. En août, le lézard ocellé consomme ainsi beaucoup de proies différentes, mais majoritairement des fruits.

En septembre, ce sont les mollusques et les fruits d'ephèdre qui dominent le régime, suivis des coléoptères et des hyménoptères. En octobre, les coléoptères reviennent en force, suivis des hyménoptères et des mollusques. Les orthoptères sont consommés à moins de 5 % en juillet, août, septembre et octobre, à égalité avec d'autres groupes tels que les diplopodes ou les arachnides.

LA CONSOMMATION DE FRUITS : UN PARTICULARISME INSULAIRE ?

Florian Doré

Au cours de l'été, la fructification de l'éphèdre change les couleurs de la dune et offre une ressource alimentaire supplémentaire au lézard ocellé (Oléron).

La consommation de fruits ou de végétaux est peu habituelle chez les lézards puisque seulement 3 % des espèces ajoutent à leur régime la consommation de végétaux. Parmi ces espèces, on rencontre surtout des espèces insulaires (63 % des cas). Les cas les plus poussés de glissement vers un régime végétarien se rencontrent chez les espèces endémiques des îles océaniques. C'est notamment le cas des lézards des Canaries appartenant au genre *Gallotia*. Sur les îles méditerranéennes, un tel phénomène a été relevé chez les petits lézards endémiques des îles Baléares (*Podarcis lilfordi* et *Podarcis pityusensis*) dont certaines populations micro-insulaires montrent des adapatations

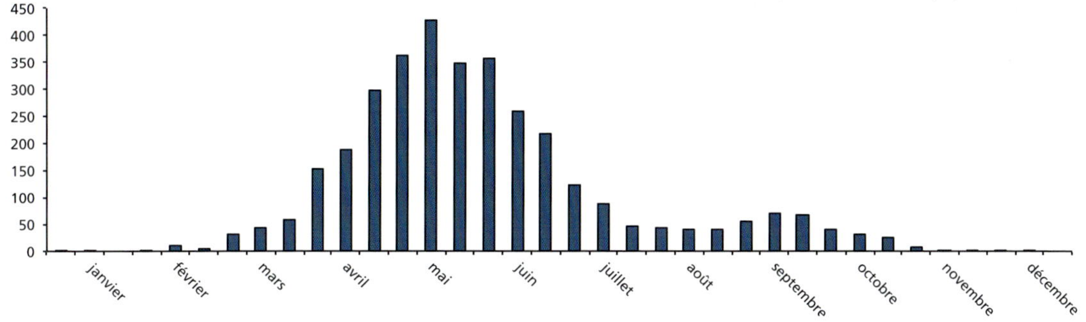

Nombre d'observations de lézards ocellés dans le sud de la France ordonnées par décades (3433 observations). (données inédites)

poussées en direction d'un régime végétarien : consommation de fruits mais aussi de pollen. Qu'en est-il chez le lézard ocellé ? Les quatre études de régime en milieu insulaire (île de Berlenga, île de Galice, île de Paloma et île d'Oléron) montrent des fréquences de consommation de fruits pouvant être élevées, comprises entre 0 % (Berlenga) et 79 % (Paloma) avec une moyenne de 31,4 %. Les études conduites sur le continent (21 études) donnent une fréquence bien plus basse (moyenne de 3,1 %, soit près de 10 fois moins). Si ce constat est confirmé dans le futur, on pourrait avoir affaire aux premiers stades d'une adaptation pouvant conduire, à terme, à des modifications plus profondes sur le plan anatomique et éco-physiologique. Cette hypothèse reste toutefois fragile dans la mesure où l'on dispose d'à peine quatre études en milieu insulaire contre 21 en milieu continental. En outre, les périodes de l'année auxquelles se réfèrent les études sont très diverses ce qui complique sérieusement les choses (on a vu que la consommation de fruits était surtout une activité de fin de saison). La question reste donc ouverte.

RYTHME D'ACTIVITÉ

Les rythmes d'activité ont été étudiés dans diverses régions, notamment par José Antonio Mateo à partir du nombre d'individus capturés mensuellement dans une région donnée. Il constate, comme on pouvait l'attendre, un décalage de l'activité entre les populations les plus méditerranéennes (Andalousie) et les plus atlantiques (côte de la Galice) : les premières ayant une activité centrée sur les mois d'avril et mai tandis que les secondes sont surtout actives durant les mois de juin à septembre.

Dans le sud de la France, l'observation d'individus actifs est exceptionnelle entre le 15 novembre et le 15 février, période durant laquelle l'animal est en hibernation. Le véritable retour à la vie active se fait en mars et se poursuit jusqu'à fin octobre. Les observations réalisées dans le sud de la France montrent que l'activité se concentre sur le printemps et le tout début de l'été, avec un pic d'activité situé entre début mai et mi-juin (voir figure). En milieu d'été (juillet-août), le nombre d'observations baisse considérablement pour ne remonter qu'à partir de la deuxième quinzaine de septembre, à la faveur des premières pluies et des premières naissances. Ce cycle d'activité est classique pour un reptile méditerranéen. On doit toutefois le considérer avec précaution compte tenu du fait qu'il traduit aussi le rythme d'activité des observateurs ! Il est probable en effet que le grand nombre d'observations rapportées en mai soit pour partie lié aux nombreux jours fériés de ce mois, et à une météorologie favorable aux sorties dans la nature !

Sur le littoral aquitain, l'activité des lézards s'étend du 20 février environ au 14 novembre, ce qui vaut également pour l'île d'Oléron, en limite nord mondiale de l'espèce. Sur cette île, la collecte systématique de crottes sur un réseau de garennes durant deux années a permis de construire une courbe d'activité basée non plus sur l'observation directe, mais sur l'activité alimentaire des lézards (cf. figure). Dans ce cas, on voit que le profil annuel d'activité ne coïncide pas du tout avec le profil obtenu en région méditerranéenne sur la base d'observations directes, puisque le pic d'activité se place plutôt en début d'été (juin et

L'hibernation

Les lézards ocellés, animaux ectothermes, doivent éviter les trop fortes chaleurs et le froid. Courant novembre, ils vont rechercher des endroits à l'abri du gel et des inondations pour y mener une vie ralentie imposée par les basses températures. Pendant cette période, leur dépense énergétique et leur perte de masse sont très faibles. Ils n'ont pas de réveils « obligatoires » comme chez certains mammifères hibernants. Néanmoins, des lézards ocellés peuvent s'insoler en plein cœur de l'hiver dans le sud de la France et en Espagne (populations littorales du sud-est en particulier). Il est fort probable, selon Mateo (2004), qu'il ne s'agisse que de comportements de thermorégulation associés à la maturation des gonades, sans prises alimentaires. L'hibernation se fait à l'intérieur de terriers de lapin, dans des galeries de micromammifères, ou dans un amas de roches. À l'intérieur des terriers de lapin, les conditions d'hibernation doivent être optimales. Sur l'île de Berlenga au Portugal, où les lézards ocellés utilisent des terriers de lapin comme gîtes, Paulo (1988) évoque des regroupements hivernaux au sein d'un même abri. Lors de leurs toutes premières sorties, les lézards ont bien souvent le corps recouvert de sable... Le terme « d'hivernage » est parfois utilisé mais il est assez imprécis (il s'applique aussi aux oiseaux migrateurs par exemple) et la désignation « d'hibernation » est tout à fait adaptée pour les reptiles.

juillet) avec une décroissance assez régulière de part et d'autre de ce pic. Ceci tient sans doute à ce que l'activité alimentaire est faible au printemps du fait du petit nombre d'insectes disponibles en début de saison. Par ailleurs, il s'agit encore d'une période fraîche, ce qui oblige les lézards à une forte activité thermorégulatoire, favorable en revanche aux observations directes. Le printemps correspond aussi à la période de la reproduction, qui amène les lézards à de nombreux déplacements et les exposent plus à l'observation. La non-concordance des deux courbes est donc probablement pour partie réelle et révélatrice de deux modes d'activité distincts. Sur la base de ces éléments, on peut dire que l'activité alimentaire occupe environ 208 jours sur l'île d'Oléron, soit 57 % de l'ensemble de l'année. La période active est un peu plus longue : 230 jours, soit 63 % de l'année.

Il est intéressant de souligner que les dates extrêmes de début et de fin de la période active ne semblent pas différer entre l'île d'Oléron et le sud de la France. Sur Oléron, les dates d'observations les plus précoces se placent en effet en février (20 et 28 février 2009) et les dates les plus tardives en novembre (3 novembre 1999 et 8 novembre 2006), ce qui est conforme aux observations réalisées dans le sud de la France. Toutefois, des observations sont possibles mais exceptionnelles aux mois de décembre et janvier dans le sud de la France. Ceci confirme le caractère sub-méditerranéen souvent attribué à la côte atlantique et à l'île d'Oléron en particulier.

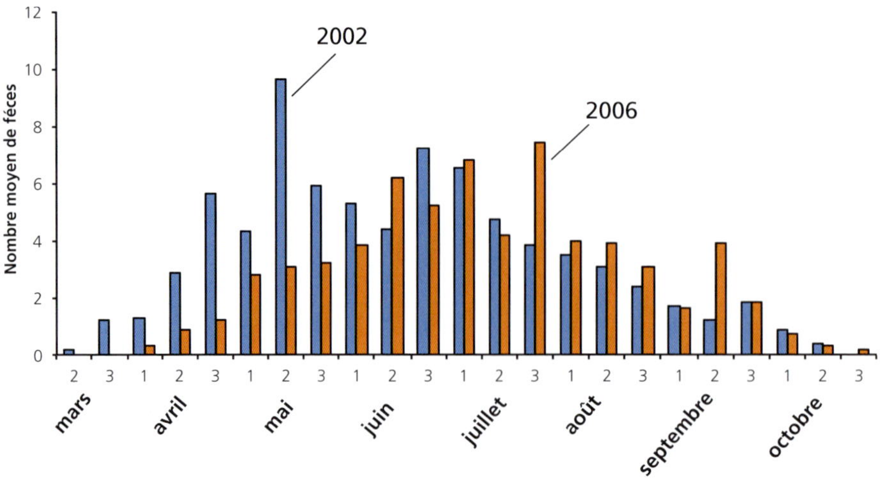

Activité alimentaire du lézard ocellé sur l'île d'Oléron à partir du comptage des crottes le long d'un transect visité tous les 10 jours en 2002 et 2006.

On voit que l'activité alimentaire diffère fortement de l'activité totale (voir figure p. 99) et fluctue selon les années de façon notable. (Repris de Grillet *et al.* 2010).

Dominique Doré

Cette femelle dilate son corps en aplatissant le ventre afin de maximiser sa thermorégulation.

Florian Doré

Ce mâle, dressé, profite du soleil tout en gardant un œil attentif à son environnement.

THERMORÉGULATION

Comme toutes les espèces ectothermes, l'activité du lézard ocellé est déterminée par la température ambiante. C'est donc par le comportement que le lézard ocellé ajuste sa température interne.

Cette activité thermorégulatoire se fait dès les premiers rayons de soleil, à des températures ambiantes parfois proches de 10 °C seulement. L'observation de juvéniles en captivité montre que ceux-ci restent en thermorégulation jusqu'à atteindre une température corporelle de 34 °C, après quoi, ils entament leur activité exploratoire et de recherche de nourriture. En fin de printemps, lorsque les journées commencent à être chaudes, les premières sorties peuvent donc être précoces, dès 7 h du matin sur Oléron par exemple.

O. Paulo décrit deux phases dans le comportement de thermorégulation : la première consiste à augmenter rapidement la température corporelle pour atteindre la température recherchée, la seconde à maintenir la température du corps au plus proche de l'optimum thermique recherché. Pour cela, la position de l'individu est importante puisqu'il va chercher à maximiser le gain de température corporelle en exposant au soleil la plus grande surface de son corps. Certains individus vont donc dilater leur corps en s'aplatissant légèrement sur la placette d'insolation. Également, ils peuvent soit se redresser sur les pattes avant pour mieux exposer le dos au soleil, soit utiliser un support (pierre, branches) pour capter au mieux les rayons du soleil. Lorsque la chaleur extérieure est excessive, le lézard ocellé peut passer la majorité de la journée dans son gîte ou bien effectuer des va-et-vient entre des refuges profonds et l'extérieur.

Selon Busack & Visnaw, le lézard ocellé maintient une activité lorsque la température du corps se trouve entre 21,2 et 34,5 °C. En dessous de cette température, plusieurs fonctions vitales sont ralenties voire inhibées (maturation des gamètes, digestion…). Au-delà de 35 °C, un choc thermique peut être fatal. C'est ce qui a été observé chez un individu dont la température corporelle avait atteint 41,5 °C.

Références

Régime alimentaire : Bischoff *et al.* (1984), Castilla *et al.* (1991), Hodar *et al.* (1996), Olesen & Vallido (2003), Pérez-Mellado & Corti (1993), Tatin *et al.* (2012), Thirion *et al.* (2009), Van Damme (1999) – **Rythme d'activité :** Berroneau (2012), Castilla & Bauwens (1989), Grillet *et al.* (2010a), Mateo (2011, 2004), Paulo (1988) – **Thermorégulation :** Busack & Visnaw (1989), Paulo (1988).

Reproduction

La reproduction constitue une étape importante dans la vie d'une espèce. En connaître ses caractéristiques nous renseigne sur des éléments clés de la démographie de l'espèce : nombre d'œufs produits, nombre de jeunes éclos. Elle nous informe aussi sur les périodes importantes de la vie de l'individu : accouplement, maturation des œufs, naissances. Ces « traits de vie » varient entre population et expriment, par là-même, les adaptations de la population à son environnement, aux pressions de sélection propres à chacune des populations.

ACCOUPLEMENT

Les lézards ocellés s'accouplent au printemps, au cours des mois d'avril, mai, et juin. Dans le centre de l'Espagne, Castilla et Bauwens observent des accouplements entre le 8 avril et le 24 juin. Chez les mâles, les testicules atteignent leur plus gros développement en avril et en mai, sauf en Galice où la maturation se fait plus précocement.

Durant cette période, les lézards sont souvent observés en couple. À plusieurs reprises, nous avons pu observer des mâles poser leur tête sur le dos d'une femelle en préliminaire à un accouplement. Lors de l'accouplement, le mâle mord la femelle à la base des flancs et courbe son corps jusqu'à placer son cloaque sous le ventre de la femelle. L'accouplement dure ainsi quelques minutes. Les cicatrices résultant de la morsure du mâle sont visibles durant une longue période, ce qui permet de savoir si une femelle s'est accouplée ou non.

La multipaternité a été prouvée chez certains reptiles. Il semblerait que ce phénomène existe également chez le lézard ocellé. En effet, le 5 mai 2008, lors d'un suivi télémétrique réalisé sur l'île d'Oléron, un accouplement entre une femelle équipée d'un émetteur et un mâle également équipé d'un émetteur a été observé. Quelques jours plus tard, la même femelle a été observée en accouplement avec un autre mâle (celui-ci n'étant pas équipé d'un émetteur).

Récit de Florian Doré, île d'Oléron, 2 mai 2008
Un accouplement sur Oléron.

Les conditions météo sont idéales en cette matinée. Nous observons plusieurs lézards ocellés en thermorégulation devant leur gîte. Certains, après avoir pris leur bain de soleil, s'éloignent de leur abri en quête de nourriture. Un couple devant un trou de rongeur continue à profiter du soleil. La femelle ne change que très peu de position tandis que le mâle est beaucoup plus agité : régulièrement, il se tourne, se retourne, change de côté... Nous continuons d'observer ce couple lorsque le mâle, se rapprochant de la femelle, pose sa tête sur le bas du dos de celle-ci. Le mâle reste ainsi quelques instants sans que la femelle ne bouge continuant à thermoréguler. Puis le mâle s'écarte de quelques centimètres, fait le tour de la femelle, légèrement surélevé sur ses pattes avant, tête en direction de la femelle. Ceci se poursuit quelques secondes jusqu'à ce que le mâle saisisse rapidement la femelle au niveau du bas du dos avec ses mâchoires. Il semble la mordre assez brusquement sans réaction visible de la femelle. Tout en maintenant la femelle, il décale sa tête plus vers l'insertion des pattes arrières et rapproche son cloaque de celui de sa partenaire. Les individus vont rester ainsi environ 2 minutes jusqu'à ce que le mâle dégage ses mâchoires du dos de la femelle. Elle reste en place alors que le mâle se repositionne à quelques centimètres près d'elle. Ils vont ainsi être proches l'un de l'autre durant 10 minutes sans mouvement. Puis la femelle rentre dans le gîte. Elle en ressortira un peu plus tard, le mâle ayant eu le temps de s'éloigner en quête de nourriture.

Florian Doré

Les couples sont très unis au printemps. On ne sait pas en revanche si cette union perdure en dehors du printemps et au fil des années. Île d'Oléron.

Récit de Joseph Celse, Plaine des Maures, La Garde Freinet (Var), 1er mai 2011

Dans l'intimité d'un couple

Un matin de mai, je me rends à l'un des 3 gîtes que je suis dans la plaine des Maures. Il est 7h30 et le soleil n'atteint pas encore la dalle de grès où se loge la femelle vue la veille devant son trou. Je me presse pour installer mon filet de camouflage et le pied de l'appareil photo. Vingt longues minutes passent. Le soleil commence maintenant à chauffer la dalle de grès. Je sais que quelques minutes suffisent pour réchauffer le gîte et pousser son hôte à en sortir. L'œil rivé sur l'appareil photo, je scrute la cavité au travers de l'objectif quand un petit museau vert commence à sortir du noir. Bientôt la tête de la femelle se détache dans la lumière du soleil. Je prends quelques clichés et attend que l'animal sorte davantage.

Soudain, à ma grande surprise, un second museau vert de plus belle taille apparaît : le mâle ! Derrière mon objectif, j'essaie de contenir mon enthousiasme. Petit à petit, les deux individus sortent entièrement sur le grès et commencent à se réchauffer. Le mâle fraîchement mué est magnifique. Il baille et, comme la femelle, ferme les yeux de temps en temps comme nous le ferions sur une chaise longue aux premiers rayons de soleil. Les deux lézards ne se quittent pas d'une semelle. Le mâle pose sa tête sur le dos de la femelle. Une fois réchauffé, il scrute les alentours dressé sur ses pattes avant. Il a vraiment belle allure. Je prends plusieurs photos de cette posture « varanesque ». Une fois assuré que rien ne le dérange, il rejoint la femelle puis gonfle sa gorge comme pour l'impressionner. Il lui fait face et se déplace ainsi pendant plusieurs dizaines de secondes. Je suis rivé sur cette scène réalisant qu'il s'agit probablement de prémices à un accouplement. Le mâle entrouvre alors sa mâchoire puis mord la femelle en bas du dos. Je comprends alors pourquoi les écailles du bas du dos de la femelle sont abîmées et sans couleurs. Je saisis ces scènes mouvementées en espérant que les réglages de mon appareil me le permettent ; d'habitude si lents, les lézards sont ici en plein mouvement ce qui impose une vitesse d'obturation supérieure. Une fois la femelle maintenue, le mâle rapproche son cloaque de celui de la femelle pour s'accoupler. La femelle, prise au piège, tente de se déplacer pour se mettre à l'abri. Elle finit par y parvenir après une course poursuite dans laquelle le mâle échouera.

PONTE ET ÉCLOSION

La ponte est unique chez le lézard ocellé *Timon lepidus*, quelles que soient les régions considérées. En revanche, le lézard ocellé du sud-est ibérique (*Timon nevadensis*) est connu pour effectuer deux pontes. Dans le centre de la péninsule Ibérique (province de Madrid), les femelles sont gravides du 11 juin au 19 juillet pour des pontes échelonnées entre le 28 juin et le 7 août. Alors que chez *Timon nevadensis*, elles sont déposées dès le mois de mai.

Pour pondre, les femelles semblent préférer s'éloigner de leur lieu de vie habituel jusqu'à une distance pouvant excéder 100 à 200 mètres. C'est ce qui a été observé en Crau et dans la région de Béziers (Jean Gabriel, com. pers.). Il est difficile d'expliquer ce comportement. Peut-être est-ce en

Grégory Deso

Durant la phase de maturation des œufs, les femelles passent beaucoup de temps au soleil pour accroître leur température interne. Les Mourres, Alpes-de-Haute-Provence.

Morsures à l'accouplement

Joseph Celse

Joseph Celse

Florian Doré

Lors de l'accouplement, le mâle mord la femelle à la base des flancs. À droite, les cicatrices visibles au bas du dos de cette femelle sont les marques évidentes d'un accouplement.

Récit de Florian Doré, île d'Oléron, 31 mai 2008

En quête d'un site de ponte

Nous sommes en train de réaliser une étude par télémétrie sur les dunes d'Oléron. Après avoir repéré les premiers individus en cette fin de matinée, nous calons une nouvelle fréquence sur le récepteur. Nous recherchons une femelle adulte qui semble peu s'éloigner de son trou de rongeur depuis 1 mois et demi. Cette femelle paraissait gravide au vu des dernières observations avec un ventre particulièrement gros. Ce matin, elle ne se situe pas aux entrées de gîtes habituels. Nous la captons à l'aide de son émetteur pas très loin dans une autre direction. La réception, très bonne, nous indique que nous sommes proches. Nous ne connaissons pas de gîtes au niveau du point de réception maximum. Nous n'avons vu ni entendu aucun individu fuir. La végétation du secteur se caractérise par un tapis de mousse du genre Tortula *avec des touffes d'immortelle et d'oyat. Nous nous décidons à regarder sous la végétation pensant que la femelle a perdu son émetteur. J'écarte des tiges d'oyat desséchées et plaquées au sol. Juste à côté de ma main, j'aperçois une tête de lézard ocellé, une femelle. Celle-ci ne bouge pas, même avec une main située à un centimètre devant sa tête. Il s'agit de la femelle que nous cherchons. La réception est maximale juste au-dessus de l'individu. Curieux nous observons la position de la femelle. Celle-ci est enfouie en arrière dans le sable, presque à la verticale. Seules sa tête et ses pattes avant sont visibles. Pensant qu'elle est en train de pondre, nous quittons rapidement les lieux afin de la laisser tranquille. Nous sommes retournés le soir même voir s'il y avait une ponte au lieu même de l'observation, mais nos recherches furent vaines. Il est probable que les femelles testent différents sites de ponte avant de se décider. La semaine qui suivit, la femelle a été observée dans des secteurs où elle n'avait jamais été vue. Puis elle est revenue à ses gîtes habituels. Elle a effectué en 6 jours (peut-être en phase de recherche de sites de pontes) les deux tiers des déplacements réalisés en plus d'un mois et demi.*

vue d'éloigner les nouveau-nés des zones les plus occupées par les adultes, qui peuvent constituer des prédateurs pour les jeunes individus.

Sur Oléron, les sujets nouveau-nés ont toujours été trouvés à une certaine distance des terriers occupés par les adultes et les subadultes. Ils semblent se rapprocher des garennes seulement à partir de la fin du premier été.

La ponte est généralement déposée dans une galerie creusée par la femelle, dont la longueur n'excède pas 23 cm selon Castilla, sous des pierres ou dans les racines d'un arbre. En Provence, Patrick Bergier et Otello Badan (com. pers.) ont observé, dans les Alpilles, une femelle pondre 24 œufs dans une cavité contenant 20 enveloppes de l'année précédente, ce qui suggère soit une fidélité à un même site de ponte, soit l'utilisation d'une même cavité par deux femelles distinctes. Castilla note qu'il ne semble pas y avoir de moment privilégié pour la ponte durant la journée, certaines femelles pondant même de nuit. Après la ponte, la femelle rebouche soigneusement la cavité à l'aide de son museau.

Les œufs sont de forme ellipsoïdale. Ils sont enveloppés d'une membrane souple et résistante, de couleur blanche. Dans l'oviducte, leur taille est en moyenne de 18,8 mm (min 16,0, max 22,6) pour un diamètre de 12,7 mm (min 10,9 ; max 13,7). Deux semaines avant l'éclosion, leur taille atteint 26,1 mm (min 24,8 ; max 28,0) pour un diamètre de 21,06 (min 19,8 ; max 22,0), et un volume de 6098 mm^3 (min 5027 ; max 7096). Ils prennent donc du volume au cours du développement embryonnaire.

Le nombre d'œufs par ponte est de 16,9 en moyenne dans le centre de l'Espagne (min 5 ; max 22). Il est largement fonction de la taille de la femelle, les plus grandes produisant plus d'œufs que les petites. La taille des œufs diminue en

Bernard Ragot

Cet œuf de lézard ocellé laisse apparaître le bout d'un museau du nouveau-né.

fonction de leur nombre, ceci indépendamment de la taille de la femelle.

Les naissances interviennent en fin d'été, d'août à octobre selon les régions. Dans le centre de l'Espagne, les nouveau-nés émergent à partir de la seconde moitié de septembre ce qui est conforme aux observations réalisées en Crau (naissances à partir de la 3e semaine de septembre) et dans la région d'Aix-en-Provence (naissances observées dans la 3e semaine de septembre et 1e d'octobre).

Sur les îles atlantiques de Galice, les naissances s'échelonnent à partir de la mi-septembre jusqu'à la fin octobre. Sur Oléron, les naissances interviennent à partir de fin août début septembre (25 août pour la date la plus précoce) et s'échelonnent très probablement jusqu'à début octobre. Les premières naissances interviennent donc 15 jours au moins avant celles enregistrées dans le centre de l'Espagne avec un étalement dans le temps plus long. En enclos extérieur, Castilla et Bauwens relèvent des temps d'incubation compris entre 71 et 102 jours dans la région de Madrid, pour des températures comprises entre 25 et 29 °C. En Provence, deux pontes suivies dans un enclos ont éclos au bout de 94 et 106 jours. En laboratoire, Javier et Escriva indiquent une durée de 66 à 88 jours pour une température variant entre 25 et 30 °C. Bernard Ragot, responsable animalier au Zoodysée de Chizé dans les Deux-Sèvres, donne des durées d'incubation légèrement supérieures : 100 jours pour une température de 23,5 °C. Les éclosions se déroulent sur 2 à 5 jours. Pour une même ponte, les éclosions surviennent de façon plus ou moins synchrone bien que des écarts de 5 jours aient été notés entre l'éclosion du premier œuf et celle du dernier au sein d'une même ponte.

MATURITÉ SEXUELLE

Il existe des différences dans l'accession à la maturité sexuelle. Celles-ci constituent autant de réponses aux pressions de sélection propres à chacune des populations. Elles sont des ajustements nécessaires à leur survie. L'équilibre démographique d'une population peut en effet être obtenu de multiples façons : par une augmentation de la fécondité, par une plus grande précocité dans la reproduction, par une plus grande longévité.

En général, la maturité sexuelle est acquise au cours de sa troisième année de vie (à environ 32 – 33 mois pour une taille de 140 – 145 mm (tête + corps). C'est le cas dans la plupart des populations espagnoles à l'exception de celles du nord-ouest ibérique où la maturité sexuelle est atteinte vers 21 mois, soit une année avant les autres populations espagnoles, pour une longueur minimum de 115 mm. Si la taille à la reproduction est sans doute pour partie liée à des facteurs génétiques, la ressource alimentaire influe également sur la rapidité de la croissance. Ainsi, les lézards de la plaine de Crau en France atteignent une taille à la maturité sexuelle comparable à celle des lézards ocellés du centre ibérique, mais une année plus tôt ! L'importante ressource alimentaire du site pourrait expliquer la rapidité de cette croissance.

Dans la région de Madrid, les plus petites femelles en reproduction ont une taille corporelle comprise entre 122 et 148 centimètres, pour un âge d'environ 32 à 33 mois. Les femelles les plus précoces ne se reproduisent donc qu'à partir de leur 3e printemps d'activité.

Sur l'île d'Oléron, certaines femelles présentent des traces d'accouplement dès 20-21 mois (taille 125 mm) et des femelles ont été trouvées gravides à partir de 132 mm. On peut donc suspecter des reproductions dès le 2e printemps de vie, comme cela a été noté en Crau et en Galice.

Croissance et mue

JEUNES ET CROISSANCE

Les jeunes à la naissance sont brunâtres, entièrement ponctués de taches claires sur le dos et bleuâtres sur flancs. La mesure de 35 jeunes à la naissance donne les dimensions suivantes : 115 mm de longueur totale (de 105 à 121 cm) pour 44 mm de longueur corporelle (de 41 à 47 mm) pour un poids compris entre 2,1 et 2,5 g (région d'Aix-en-Provence). Castilla et Bauwens donnent des valeurs semblables dans le centre de l'Espagne : 42,8 mm en moyenne de longueur museau-cloaque pour un minimum de 39,5 et un max de 45,6.

Chez les nouveau-nés, les sexes sont indifférenciables, sauf en comptant le nombre de plaques ventrales. Ce nombre varie généralement de 30 à 39 chez les femelles et de 27 à 35 chez les mâles, ce qui laisse une marge d'incertitude chez certains individus. Chez les nouveau-nés, l'ouverture ombilicale est encore visible. Elle se referme quelques jours après la naissance.

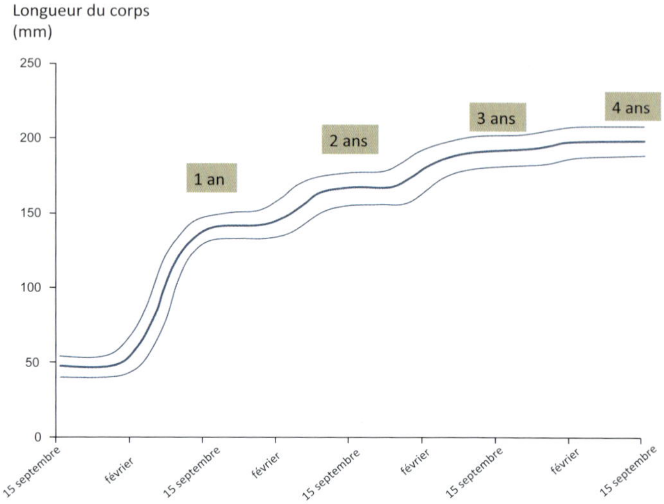

Courbe de croissance du lézard ocellé dans la plaine de la Crau. La courbe est établie à partir du suivi par capture-recapture de 340 lézards durant deux années. La ligne de part et d'autre de la courbe correspond à l'amplitude de la variation individuelle. (données originales de J. Mateo et M. Cheylan).

La cicatrice ombilicale, visible chez ce sujet nouveau-né de *Timon nevadensis*, permet de dater assez précisément les naissances dans la nature.

Comme chez la plupart des reptiles, la croissance dépend fortement des conditions environnementales. En Crau, le suivi durant deux années d'individus marqués individuellement permet d'approcher les processus de croissance de cette population.

Comme le montre la figure, l'accroissement est très irrégulier au cours de la vie de l'animal. Il est nul ou très faible entre la naissance (fin septembre en moyenne en Crau) et l'entrée en hibernation (10 mm au mieux chez les individus nés le plus tôt), particulièrement rapide au cours de la première saison de vie (environ 65 % du total la croissance se réalise durant cette année), modérée durant la seconde saison de vie (environ 22 % du total de la croissance), puis faible durant la troisième année de vie (environ 10 %) et quasi nulle au-delà de 3 ans. Contrairement à ce que l'on pourrait attendre d'un animal aussi grand, la croissance est donc extrêmement rapide, et semblable à celle d'un lézard de petite taille, toute proportion gardée.

Sur l'île d'Oléron, les captures conduites sur trois années permettent également d'apprécier la croissance des jeunes lézards au moins jusqu'au vingtième mois. Comme en Crau, l'accroissement

Accroissement de taille (longueur museau-cloaque) dans deux populations françaises

population	0-2 mois	6-8 mois	18-20 mois	30 mois et plus
Crau	47,1 (40-53)	63,1 (51-73)	142,9 (129-158)	Mâles 185,4 (170-195) Femelles 173,8 (167-178)
Oléron	47,1 (39-54)	60 (50-1)	126,5 (110-138)	Mâles 164,8 (144-180) Femelles 156,1 (140-170)

est rapide. Les individus atteignent en moyenne 10,9 cm de longueur corporelle au bout d'un an (contre 12 cm en Crau), ce qui représente plus de la moitié de leur croissance totale. Comme en Crau, cet accroissement se réduit dès la deuxième année et plus fortement encore durant la troisième année. Le schéma de croissance est donc identique bien qu'il conduise à terme à des individus un peu plus petits.

MUE

Comme chez tous les reptiles, la mue du lézard ocellé entraîne un remplacement régulier de la couche cornée de l'épiderme. Chez les serpents, la vieille peau se détache en une seule fois à partir des lèvres. Chez les lézards, elle se détache en lambeaux sur plusieurs jours. Chez le lézard ocellé, il ne semble pas y avoir de mue dans les semaines qui séparent la naissance et l'hibernation. À partir du printemps qui suit, les mues se succèdent toutes les quatre ou cinq semaines. Cette fréquence ira en s'atténuant par la suite, soit quatre mues durant la période active faisant suite à la deuxième hibernation, puis trois mues en moyenne lorsque l'animal atteint sa taille adulte. Sur Oléron, des individus en mue ont été observés durant presque toute la saison active.

Marc Cheylan

Le lézard ocellé mue régulièrement, en moyenne trois fois par an au stade adulte. Région de Montpellier, Hérault.

Références

Accouplement : Castilla (1989), Castilla & Mateo (1987), Castilla & Bauwens (1990), Mateo (2011) – **Ponte et éclosion :** Castilla & Mateo (1987), Castilla & Bauwens (1989, 1990), Cheylan & Grillet (2004), Galán (2003), Javier & Escriva (1987) – **Jeune et croissance :** Castilla & Bauwens (1989) – **Maturité sexuelle :** Mateo (2011).

Espérance de vie et prédation

Jusqu'à quel âge peut vivre cet animal ? C'est la question généralement posée lorsque l'on fait découvrir une espèce. Y répondre n'est pas toujours aisé. Généralement, la longévité est bien plus importante en captivité qu'en condition naturelle, du fait des nombreux facteurs agissant sur la survie d'un individu : prédation, accident, phénomène climatique, etc...

ESPÉRANCE DE VIE

Un moyen fiable pour évaluer l'âge d'un reptile repose sur la squelettochronologie. Cette technique consiste à étudier les marques de croissance osseuses liées au rythme saisonnier. Elle permet de renseigner, outre l'âge de l'animal, l'âge à la maturité sexuelle, les cycles saisonniers et la vitesse de croissance. Une autre méthode est basée sur le suivi en nature d'individus marqués.

En l'absence de suivis individuels prolongés, l'espérance de vie du lézard ocellé dans la nature n'est pas connue avec précision. Cependant, la plupart des individus ne doivent guère dépasser 5 années, et les individus plus âgés sont quasiment tous des mâles. Díaz *et* collaborateurs indiquent qu'après 3-4 ans, presque tous les individus d'une population sont remplacés. Quatre ans seulement après une étude de population menée en 2000 dans le centre de l'Espagne, un seul mâle âgé de 7 ans (contrôlé depuis sa naissance) a été recapturé par les auteurs de l'étude.

Les travaux de Castilla et Castanet apportent quelques informations sur ce point pour un ensemble de populations du centre de l'Espagne. À partir d'une étude par squelettochronologie,

Florian Doré

Les vieux individus présentent souvent, comme ce mâle, une tête imposante.

Florian Doré

Ce mâle profite au maximum du soleil pour assurer sa thermorégulation tout en restant très proche de son abri sous la souche pour parer à tout danger.

ils ont pu montrer que l'espérance de vie excède rarement 5 ans dans la nature. Les individus âgés de 6 ans et plus ne représentent en effet que 8 % du total chez les femelles et 17 % chez les mâles. Dans ce cas, la longévité maximale observée a été de 11 ans pour un individu de 21,5 cm de longueur corporelle. Ceci rejoint le constat d'une autre étude squelettochronologique menée sur 30 individus du sud de la France où le plus vieil individu relevé était un mâle mort dans sa dixième année. On doit toutefois souligner que l'évaluation d'un âge maximum par squelettochronologie est toujours inférieure à la réalité dans la mesure où l'enregistrement osseux ne se fait plus au-delà d'un certain âge.

En captivité, une femelle a pu être gardée durant 11 ans, ce qui est inférieur aux observations faites par Decaux et par Flower qui donnent 14 et 17 années pour deux individus maintenus en captivité. On peut donc raisonnablement penser qu'une durée de vie comprise entre 10 et 15 ans est tout à fait envisageable pour un individu sauvage. Certains individus détenus actuellement au Zoodyssée de Chizé dans les Deux-Sèvres dépassent les âges énoncés précédemment. Bernard Ragot signale un mâle d'au moins 25 ans au sein des individus de son élevage.

STRUCTURE DES POPULATIONS, MORTALITÉ

STRUCTURE DES POPULATIONS, TAUX DE SURVIE

La structure démographique des populations est mal connue. Seule la population de la Crau a fait l'objet d'un suivi par capture-marquage-recapture permettant de savoir comment se structure une population. Dans cette population, c'est la fraction juvénile (individus dans leur première année de vie) qui est majoritaire (voir tableau suivant). Elle représente selon les années 60 à 75 % de l'effectif. Les subadultes (individus dans leur deuxième année de vie) sont également nombreux puisqu'ils totalisent entre 13 et 31 % du total

Structure démographique de la population de Crau au cours de 3 années de suivi (données relatives aux mois d'avril à juillet inclus)

Année	Individus 6-8 mois	Individus plus de 18 mois	Individus plus de 30 mois	Nb total d'individus suivis
1992	90 *60,4 %*	47 *31,54 %*	12 *8,05 %*	149
1993	102 *73,38 %*	19 *13,67 %*	18 *15,15 %*	139
2009	25 *75,76 %*	5 *15,15 %*	3 *9,09 %*	33

selon les années. La fraction adulte (individus de 3 ans et plus) est en revanche minoritaire. Elle ne représente que 8 à 15 % du total des individus. La population de Crau est donc une population jeune, caractérisée par un fort renouvellement des générations.

Les taux de survie annuels calculés sur cette même population de Crau montrent des valeurs très basses, de l'ordre de 3 % entre la naissance et 1 an (min 1 % max 8 %) ; de l'ordre de 14 % (min 6 % max 24 %) entre 1 et 2 ans et de l'ordre de 35 % (min 18 % max 54 %) à partir de la troisième année. Ces valeurs doivent être considérées avec prudence dans la mesure où elles reposent sur des survies dites « locales », c'est-à-dire ne tenant pas compte de la dispersion des individus hors du site d'étude. Or le site en question est parfaitement ouvert ce qui a pour effet de sous-estimer les taux de survie individuels.

Sur l'île de Berlenga (Portugal), la survie annuelle des juvéniles (de 0 à 1 an) a été estimée à 25 % et celle des subadultes (de 1 à 2 ans) à 80 %. La survie des mâles adultes est estimée autour de 90 % et celle des femelles adultes autour de 84 % (Paulo 1988). Il s'agit donc de valeurs très supérieures à celles obtenues en Crau. Cela s'explique à la fois par le contexte insulaire de la population (peu de prédateurs) et par une meilleure prise en compte de la dispersion (population close).

MORTALITÉ AU STADE ŒUF

La mortalité au stade œuf peut être très importante. Sur l'île de Berlenga, O. Paulo estime celle-ci entre 80 et 90 %. Ceci peut s'expliquer par des facteurs physiques comme une très grande sécheresse du sol, ou biotiques comme la prédation par les rats ou

Matthieu Geng/Biotope

René Celse

En haut : Le circaète Jean-le-Blanc est un prédateur régulier du lézard ocellé. En bas : surpris dans son action, un circaète a abandonné sa proie, partiellement consommée. Plaine des Maures, Var.

certains insectes. Andrews suggère l'action d'une fourmi du genre *Solenopsis*. Il semblerait que ce genre de fourmi omnivore, capable de chasser de petits animaux, puisse prédater les œufs de lézards ocellés voire même de très jeunes lézards !
Sur Oléron, il a été possible d'estimer, au début des années 2000, le nombre de nouveau-nés présents en septembre et octobre sur un secteur échantillon par rapport au nombre de femelles susceptibles de pondre. Pendant trois années, entre 8 et 10 juvéniles différents ont été trouvés sur un secteur où au moins 9 femelles adultes sont capables de pondre en mai-juin. En prenant comme chiffre moyen 10 œufs pondus par femelle (chiffre moyen indiqué par Paulo sur l'île de Berlenga), on obtient un minimum de 90 œufs. Dans de telles conditions, la mortalité au niveau des œufs pourrait atteindre 90 %. Ce résultat doit cependant être considéré avec prudence, d'une part parce qu'il ne prend pas en compte la mortalité au cours des premiers jours de vie et, d'autre part, parce que des juvéniles ont très certainement échappé aux recherches.

PRÉDATION

Au stade adulte, le lézard ocellé possède de nombreux prédateurs parmi lesquels des oiseaux de proie, des carnivores et des serpents. Parmi les oiseaux, on trouve le milan noir (jusqu'à 33 % du régime alimentaire dans la région de Cáceres en Espagne), l'aigle botté (jusqu'à 25 % du régime dans le centre de l'Espagne), le circaète Jean-Le-Blanc (entre 6 et 17 % du régime en Espagne), le milan royal (entre 2 et 11 % du régime en Espagne), le vautour percnoptère (11 % du régime), l'autour des palombes (11 % du régime en Espagne centrale), l'aigle royal (10 % du régime en Espagne), la buse variable (10 % du régime en Espagne), l'aigle ibérique (entre 0,5 et 3 % du régime en Espagne), le busard cendré, le busard Saint-Martin, le hibou grand-duc, le faucon crécerelle, l'élanion blanc, la cigogne blanche, le héron garde-bœuf et très certainement divers corvidés et laridés.

Sur Oléron, un couple de circaètes Jean-Le-Blanc est régulièrement observé au-dessus des dunes grises durant le printemps. Il est fort probable qu'il prélève des lézards ocellés. Le faucon crécerelle a également été vu chassant des lézards sur les dunes, sans que l'on sache s'il s'agissait de lézards ocellés, de lézards des murailles ou de lézards verts. Au printemps 2008, une buse variable a été aperçue en vol au-dessus de la lisière d'une forêt avec dans ses serres un lézard de grande taille pouvant s'apparenter à un lézard ocellé. Une observation quasi identique a également été faite en avril 2010.

Julien Tranchard/Biotope

La fouine est un prédateur généraliste capable de s'attaquer à des proies très diverses allant du ver de terre au lièvre, en passant par des reptiles. Il est difficile de savoir quelle peut être l'importance de la prédation sur le lézard ocellé. Inconnue historiquement sur l'île d'Oléron, la fouine y est apparue récemment, tout comme la couleuvre verte et jaune. Ce sont donc deux nouveaux prédateurs potentiels du lézard ocellé pour cette île.

La prédation par les mammifères a été révélée en Espagne pour la mangouste, le lynx pardelle et la fouine, mais il est probable que d'autres carnivores, comme la belette et le putois, participent également à la prédation. Les sangliers et les rats constituent également des prédateurs potentiels, au moins pour les œufs.

Chez les reptiles, son principal prédateur est la couleuvre de Montpellier pour laquelle le lézard ocellé est une proie régulière (2 à 10 % des proies en Espagne). Comme la couleuvre de Montpellier, la coronelle girondine participe également à cette prédation au moins pour les juvéniles et subadultes compte tenu de sa petite taille. Sur Oléron, la coronelle girondine occupe les mêmes habitats que le lézard ocellé ce qui laisse à penser qu'elle consomme cette espèce. La couleuvre verte et jaune peut également constituer un prédateur pour le lézard ocellé, aux marges nord de sa distribution.

En dehors de la prédation naturelle, le lézard ocellé peut aussi être tué par des chiens, considérés par Javier et Escriva comme de redoutables ennemis. Contrairement à beaucoup de lézards, le lézard ocellé n'hésite pas en effet à faire face, ce qui peut lui être fatal. Un affrontement de ce type a été observé sur l'île d'Oléron. Le lézard, immobile, faisait face au chien qui essayait de le saisir en sautant sur lui un peu à la manière d'un renard chassant les mulots. La prédation par les chats est également avérée par plusieurs observations. Les faisans, souvent relâchés en grand nombre par les sociétés de chasse, peuvent être d'importants prédateurs vis-à-vis des jeunes individus.

Abel Bermejo García

Le chat est un prédateur redoutable pour les lézards. Il est probable qu'il ne s'en prend pas aux lézards ocellés adultes, mais les jeunes sont des proies faciles pour ce félin.

Jean-Yves Kernel/Biotope

Une jeune couleuvre de Montpellier tente de capturer un jeune lézard d'un an (sub-adulte) : après l'avoir saisi au niveau du thorax, elle s'est enroulée autour afin de le maintenir, le lézard demeurant prostré… La durée de la scène (environ 3 minutes) et l'ouverture maximale de la gueule de la couleuvre suggèrent une envenimation possible. La couleuvre a subitement relâché son étreinte, et le lézard s'est carapaté sans demander son reste.

Récit de Joseph Celse, Plaine des Maures, La Garde-Freinet (Var), 5 juin 2012

Voyez la photo page suivante…

J'ai pris le parti de suivre un petit nombre de gîtes mais de m'y rendre fréquemment pour voir quels étaient les comportements des lézards depuis leur sortie matinale jusqu'à leur recherche de proies. Ces « tranches de vie » allaient être pour moi très instructives et pleines de surprises. C'est ainsi qu'un matin de juin, je me rends à l'un de mes 3 gîtes habituels. Le mâle observé il y a quelques jours devant son trou n'est pas encore sorti. Toute mon attention est concentrée sur ce gîte quand un petit museau commence à sortir du noir. Je comprends alors tout suite que le reptile n'est pas celui vu il y a quelques jours mais une femelle de couleuvre de Montpellier ! Si l'espèce est bien présente en plaine des Maures une telle observation en sortie de gîte est particulièrement rare. Je suis très tendu derrière mon objectif en attendant que le serpent sorte complètement quand j'entends un bruit à quelques centimètres de ma cache. Je n'ose pas décoller l'œil de l'appareil au risque que la couleuvre me voie. Le bruit persistant, je change d'avis et vois, au travers du filet, le lézard ocellé mâle d'il y a quelques jours ! Ma main tremble sur l'appareil photo devant l'excitation que je tente de contenir. Le lézard rentre tout juste dans le champ de vision de l'appareil photo lorsqu'il s'arrête net, découvrant le serpent à l'entrée de son gîte. Le lézard est figé, dressé sur ses pattes avant. Sachant bien que les couleuvres de Montpellier peuvent se nourrir de lézards ocellés, il me semblait ici que la femelle ne ferait peut-être pas le poids face à un lézard ocellé mâle de belle taille. La suite me laissa penser que ce n'était pas si évident. Le lézard ocellé fait un pas de côté, ne lâchant pas des yeux le serpent, puis une succession d'autres pas de côté, en crabe, pour fuir le site tout en restant bien face à ce prédateur potentiel. La confrontation n'aura finalement pas été plus loin…

Qui va à la chasse perd sa place !
(voir photo pages 12 et 13).

Joseph Celse

Ce mâle, peu farouche, s'est régulièrement laissé approcher.

STRATÉGIE ANTIPRÉDATION

La principale stratégie du lézard ocellé pour échapper à un prédateur est la fuite vers un gîte sûr. La distance de fuite dépend alors de l'âge des individus et des caractéristiques de l'habitat.

Elle est considérablement plus faible chez les juvéniles que chez les adultes. Elle augmente jusqu'à ce que les individus atteignent une longueur corporelle d'environ 10 cm. Ainsi, les lézards ocellés de la Crau possédant une longueur corporelle comprise entre 5 et 7,5 cm ont une distance de fuite comprise entre 5 et 20 mètres, tandis qu'elle est comprise entre 15 et 45 mètres lorsque la taille des individus dépasse 10 cm de longueur de corps.

En Espagne, des différences importantes ont été observées entre populations voisines occupant des habitats différents. Ainsi, dans les zones granitiques dépourvues d'arbres, la distance de fuite des mâles se situe autour de 30 mètres alors qu'elle est de 18 mètres dans les dehesas à chênes verts. Cette différence peut s'interpréter comme une réponse au risque de prédation aérienne.

En milieu insulaire, on constate une réduction significative de la distance de fuite, du fait très certainement de pressions de prédation moindres. Sur l'île de Berlenga, la distance de fuite varie ainsi entre 0,5 et 10 m. Les résultats sont semblables sur l'île de Paloma. Aujourd'hui, ces deux populations insulaires sont malheureusement, pour d'autres raisons, au bord de l'extinction.

Sur Oléron, la distance de fuite dépend largement de la fréquentation humaine. Elle est grande dans les secteurs peu fréquentés et faible dans les secteurs très fréquentés. À proximité d'un parking, un tas de bois était occupé régulièrement durant plusieurs années par un couple de lézard ocellé. Le passage de promeneurs sur le chemin situé à trois mètres des lézards n'entravait nullement l'activité de thermorégulation de ces derniers. Ceux-ci ne semblaient pas s'inquiéter des passages réguliers de personnes sur le chemin. Il était d'ailleurs possible de s'approcher doucement à près d'un mètre d'un individu sur ce secteur. Dans ce cas, l'individu n'avait qu'à se retourner pour fuir dans son gîte situé sous le tas de bois.

Semblable constat a été fait en Provence dans des populations confrontées à de fortes fréquentations humaines : lieu de pique-nique dans la plaine des Maures dans le Var, forteresse d'Entrevaux dans les Alpes-Maritimes.

Il est probable également que la distance de fuite soit un caractère individuel; certains individus semblant plus farouches que d'autres. En effet, pour les mêmes catégories d'individus et sur les mêmes secteurs, des distances de fuite très différentes ont pu être constatées.

Les refuges utilisés sont très variables : terriers de diverses espèces animales, pierres, fissures rocheuses, arbres, buissons, constructions humaines... Quelquefois, les lézards ocellés choisissent de grimper à un arbre plutôt que de se réfugier dans un gîte situé au sol. Dans ce cas, il arrive que le lézard grimpe jusqu'au sommet de l'arbre, parfois jusqu'à cinq mètres de haut, voire plus.

Les lézards ocellés sont réputés assez rapides. Toutefois, lorsque ceux-ci considèrent ne pas avoir

Se sentant en danger, cette femelle cherche refuge dans un arbre.

Récit de Pierre Grillet et Florian Doré, île d'Oléron, 11 mai 2008

Un comportement surprenant

Nous sommes dans la dune, sur une butte. De là, nous avons un beau point de vue sur plusieurs dizaines de mètres. On jette un coup de jumelles afin de détecter la sortie d'individus, lorsque l'on aperçoit une tache vert clair se démarquant sur le tapis de mousse brune. On s'approche lentement. Il s'agit bien d'un lézard ocellé. C'est un beau mâle. Celui-ci semble totalement inerte. Nous sommes à près de 5 mètres et en profitons pour faire quelques photos. Nous tentons une approche car nous ne sommes pas sûrs d'avoir à faire à un animal vivant. Arrivés à deux mètres de l'individu, celui-ci se relève et s'élance alors dans une rapide course vers la butte où nous nous trouvions juste avant pour se réfugier dans son gîte, un ancien terrier de lapin. Visiblement, nous occupions la place convoitée par cet individu !

Récit de Pierre Grillet, île d'Oléron, Mai 2002

Des réactions parfois spectaculaires face à un danger

J'avais pris l'habitude d'observer les lézards ocellés à quelque distance avec mes jumelles, voire de temps à autre avec une longue vue. Quelle ne fut pas ma surprise ce jour-là, en me rendant près d'un gîte où j'avais remarqué des traces la veille, d'entendre à mes pieds une série de petits soufflements. Je m'arrête et regarde tout autour de moi, pour finalement découvrir un lézard ocellé adulte, la tête dressée vers moi, à quelques centimètres de mes pieds, la bouche grande ouverte tout en émettant des petits soufflements. Celui-ci était visiblement décidé à ne pas partir. Il était tellement en colère qu'il faisait également de petits bonds en ma direction lorsque j'essayais d'approcher la main… Très impressionnant ! J'étais victime d'une tentative d'intimidation par un lézard ocellé ! J'ai dû m'éloigner de quelques mètres pour qu'il se décide enfin à bouger puis à partir à toute vitesse en direction d'un gîte (en l'occurrence, un terrier de lapin dans lequel deux lapins venaient d'entrer juste avant). C'était la première fois que je faisais ce genre d'observation. Depuis, ce genre d'aventure s'est reproduit à trois reprises. Il s'agit probablement d'individus surpris au dernier moment et qui, devant un danger beaucoup trop proche, choisissent de faire face. Ce type de comportement est commun lorsque l'on relâche un individu après une capture. Plutôt que fuir, l'animal reste alors sur place et fait face en adoptant la même attitude que celle décrite précédemment.

Pour cette raison, la plupart des photos montrant un lézard ocellé avec la bouche grande ouverte se rapportent à des individus capturés pour l'occasion !

Vincent Rufray/Biotope

Faire face, bouche béante : une alternative à la fuite.

assez de temps pour atteindre un refuge sûr, ils peuvent faire face au prédateur bouche béante, en réalisant quelques sauts en direction de l'adversaire. Bien que la morsure d'un adulte, notamment un mâle, puisse être douloureuse, le lézard ocellé reste très vulnérable face à un ennemi.

L'autotomie

Il s'agit de la capacité pour certains animaux de se débarrasser volontairement d'une partie de leur corps pour échapper à un prédateur... C'est le cas pour nos lézards français qui ont la capacité de se libérer de leur queue. La queue peut également se casser accidentellement suite à une bagarre ou une capture par exemple. La cassure s'effectue sur des « plans de fracture » qui divisent une vertèbre en deux. Les vaisseaux sanguins présentent des sphincters prêts à se contracter pour éviter une perte de sang trop importante. En général, la queue repousse (sauf chez l'orvet) mais présente une longueur plus courte que l'originale et un aspect différent.

La queue régénérée de ce mâle est très raccourcie.

Florian Doré

Comme d'autres lézards, le lézard ocellé, peut, s'il se sent menacé, casser volontairement sa queue selon le principe d'autotomie. Ceci n'a toutefois jamais été observé par les auteurs de ce livre. Si la stratégie fonctionne, le lézard pourra sauver sa vie, bien que la perte de la queue entraîne des désavantages sérieux dans les fonctions locomotrices. A. Castilla indique à ce propos qu'un individu ayant une queue régénérée grandit moins qu'un individu ayant une queue intacte. Chez les jeunes tout particulièrement, l'énergie allouée à la régénération de la queue ne pourra pas être consacrée à la croissance, ce qui représente un handicap important pour la survie de l'individu.

José Antonio Mateo donne un bon exemple de l'importance de la queue sur le plan énergétique. Il a pu observer qu'un individu de taille moyenne, ayant perdu son appendice caudal suite à une attaque de prédateur, revenait sur le lieu de l'attaque afin de dévorer sa propre queue.

Récit de Vincent Rivière, Puyloubier (Bouches-du-Rhône), 2 octobre 2009

Heureux comme un poisson dans l'eau (?)

Les observations de lézard ocellé à proximité de milieux aquatiques ne sont pas rares, mais l'aptitude de l'espèce à utiliser ce milieu n'est pas documentée. Pourtant, certaines espèces de lacertidés sont connues pour utiliser ce milieu, soit pour l'alimentation, soit lors de comportements de fuite. Les observations de Lézard vert fuyant dans l'eau sont courantes.

Dans notre cas, en octobre 2009, nous étions, Joseph Celse et moi, à la recherche de pontes automnales d'amphibiens sur les berges d'un étang artificiel, au sein d'une ancienne carrière, au pied du massif du Cengle et de la Sainte-Victoire, dans les Bouches-du-Rhône.

Au cours de la prospection, j'aperçois un lézard ocellé juvénile de l'année à quelques centimètres sous la surface de l'eau, près de la berge. En le capturant, nous nous apercevons que ce dernier n'était ni noyé ni sur le point de l'être.

Que penser alors de sa présence dans l'eau ?

Souhaitant vérifier l'hypothèse selon laquelle ce lézard y avait fuit volontairement à notre arrivée, je le repose donc sur la berge et observe son comportement. À peine libéré, le juvénile fuit à nouveau dans l'eau, nage à la surface quelques secondes, puis plonge et s'enfouit cette fois sous la végétation à environ 10 cm de profondeur. Nous nous sommes écartés de quelques mètres tout en gardant la zone visible afin de contrôler le temps d'apnée durant lequel ce lézard allait rester enfoui. L'intervalle de temps écoulé entre les deux photos prises après que l'individu s'est enfoui et après qu'il retrouve la surface est de 4 minutes 19 secondes. Le jeune Lézard est remonté à la surface, pour s'insoler sur un galet en bord de berge (toujours dans l'eau).

La nage fluide de l'individu, les pattes appliquées le long du corps et l'ondulation du corps, sont similaires à la nage observée chez les tritons. Par ailleurs, le comportement de recherche d'abris aquatiques indique qu'il s'agit visiblement d'un comportement de fuite et d'apnée maîtrisés.

Plus tard, au printemps 2013, j'ai à nouveau eu l'occasion de vérifier que le comportement « hydrophile » de cet individu n'était pas unique. Il s'agissait cette fois d'un individu subadulte, s'insolant au bord d'un cours d'eau temporaire dans le Massif de la Colle du Rouet. À notre approche (en compagnie cette fois de Bénédicte Culorier), le lézard fuit et plonge dans l'eau, pour rejoindre un gîte dont l'entrée est immergée.

Ces observations font figures d'anecdotes, et ce comportement reste particulièrement surprenant pour une espèce dont l'écologie n'est pas aquatique, bien au contraire.

Joseph Celse

Le lézard ocellé nage parfaitement, comme le montre cette photo prise à l'occasion de l'observation relatée ici.

Références

Espérance de vie : Castilla & Castanet (1986), Cheylan (1984), Decaux (1897), Díaz *et al.* (2006), Flower (1925), Mateo (2011) – **Structure des populations, mortalité :** Andrews (1982) *in* Paulo (1988), Bischoff *et al.* (1984), Blázquez (1993), Galán (1988), Javier & Escriva (1987), Martin & Lopez (1996), Palomares & Delibes (1991), Pérez-Mellado (1998), Paulo (1988), Valverde, (1967) – **Stratégie antiprédation :** Castilla (1989), Mateo (1988, 1993, 2011), Paulo (1988), Vicente (1989).

Vie au sein des populations

Il est fascinant de chercher à comprendre comment les individus évoluent au sein d'une population. L'utilisation des habitats, les densités, la disposition de la ressource en gîtes, les relations sociales sont autant de facteurs permettant d'expliquer le « fonctionnement » d'un groupe d'individus. De même que l'étude de l'histoire du lézard ocellé, les zones d'ombres s'éclaircissent peu à peu et amènent à de nouveaux questionnements qui font progresser les recherches sur cette espèce.

DENSITÉS

Estimer une densité de population constitue une information importante pour mieux suivre son évolution. Néanmoins, il convient de rester très prudent dans l'interprétation des résultats obtenus compte tenu du fait qu'en général, les études portent sur des zones choisies pour leurs fortes densités et que les méthodes utilisées peuvent être différentes.

En péninsule Ibérique, José Antonio Mateo donne des densités d'environ 60 ind./ha avec par exemple 67 individus (dont 28 adultes) dans les dehesas de Cáceres. D'autres estimations indiquent des valeurs comprises entre 50 et 60 ind./ha dans les années 1970 et 1980 près de Lisbonne, Séville et Madrid.

Sur les îles de Galice, les fortes densités observées, jusqu'à 136 individus par hectare sur Sálvora et jusqu'à 208 individus hectare sur Faro seraient favorisées par un comportement grégaire, facilité par l'absence d'agressivité entre mâles. Sur l'île de Berlenga au Portugal, les densités locales sont également très élevées (128 ind./ha). Mais la moyenne à l'échelle de l'île est proche des densités estimées plus récemment dans certaines populations espagnoles du continent (3,3 ind./ha).

Marc Cheylan

L'île de Berlenga, aujourd'hui réserve naturelle, abritait, jusque dans les années 1990, une belle population de lézards ocellés. L'envahissement de l'île par les goélands, la divagation des chiens et l'augmentation de la fréquentation de l'île semblent avoir précipité l'extinction de l'espèce.

En péninsule Ibérique, Díaz et collaborateurs obtiennent ainsi, à partir d'opérations de capture-recapture, des densités de 3,21 individus adultes par hectare dans la Sierra de Guadarrama. Dans la plaine de la Crau, l'étude d'une population selon le même principe a permis d'estimer les densités à 5,5 ind./ha (dont 2,1 adultes) en 1992 et 7,8 ind./ha (dont 2,2 adultes) en 1993, toutes classes d'âge confondues. En 2009, la même population n'offrait plus que des densités de 1,3 ind./ha. À partir de la méthode du distance-sampling (voir p. 162), Oriane Chabanier donne pour la Crau des estimations de densités de l'ordre de 0,085 individus par hectare, avec un intervalle de confiance compris entre 0,052 et 0,137.

Sur l'île d'Oléron, les densités moyennes sont de 7,3 ind./ha en 2007 et 2010. Sur le littoral aquitain, les moyennes estimées sont de 1,40 ind./ha en 2009 et 1,72 ind./ha en 2011.

De façon générale, on doit considérer que les valeurs de densités supérieures à 10 ind./ha sont vraisemblablement sur-évaluées, soient qu'elles résultent de concentrations très locales d'individus, soit d'artefacts méthodologiques. Elles fournissent néanmoins des indications pouvant être utiles dans certains cas afin d'évaluer certaines mesures de conservation.

Florian Doré

Ce couple utilise un terrier de lapin sous la dalle béton d'un blockhaus. Île d'Oléron

VIE SOCIALE

Luis Vicente présente le Lézard ocellé dans les régions continentales portugaises comme une espèce plutôt solitaire, utilisant un vaste domaine vital. Ce domaine vital comprend en général un abri central et des abris périphériques servant de refuges temporaires. Ce mode de vie plutôt solitaire ne semble pas s'appliquer partout, notamment sur les îles où une sociabilité plus ou moins développée a été mise en évidence ces dernières années.

VIE SOCIALE EN CONDITIONS INSULAIRES

Les fortes densités constatées sur les îles de Faro, Sálvora et dans une moindre mesure sur Oléron et Berlenga sont probablement favorisées par des adaptations comportementales propres aux îles, comme cela a été observé chez bien d'autres espèces. Ceci se traduit par une faible agressivité entre mâles et des tendances à la grégarité. Sur Oléron, il est commun d'observer des mâles proches les uns des autres, sans que cela n'entraîne de comportements agressifs. Aucun combat entre mâles n'a d'ailleurs été observé sur cette île au cours des années consacrées à l'étude du lézard ocellé, et les mâles adultes ne présentent que rarement des cicatrices importantes. Lorsque les mâles se rencontrent, ils adoptent des comportements ritualisés qui ont pour effet de détourner les adversaires d'un réel affrontement. L'individu statique se positionne alors de côté par rapport à son congénère, dressé sur ses pattes antérieures. La tête est alors légèrement baissée vers le sol et le dos très arrondi dans sa partie antérieure. Cette attitude a pour effet de dissuader le congénère de s'approcher trop près, ce qui suffit à éviter un affrontement.

Florian Doré

Accompagné de deux femelles, ce mâle utilise un trou de rongeur. Il est commun sur Oléron d'observer plusieurs individus occuper le même gîte en même temps.

Sur l'île d'Oléron, les terriers de lapins favorisent le regroupement des individus

Les lapins vivent en société au sein de garennes pouvant comporter plus de 50 entrées sur une petite surface (le plus souvent moins de 1500 m2). De telles garennes étaient communes sur l'île d'Oléron au début des années 2000. Elles servaient de refuge aux lézards ocellés et favorisaient le regroupement des individus ; jusqu'à 10 individus adultes et sub-adultes sur la base de nos observations. Dans ces conditions, les individus entretiennent des liens réguliers nécessitant des relations de voisinage spécifiques : attitudes ritualisées, contacts directs entre lézards, places de thermorégulation communes…

Florian Doré

Ce couple de lézards ocellés s'apprête à rentrer dans son gîte.

Sur les îles Cies en Galice (Monteagudo et Faro), Galán a pu observer jusqu'à 5 adultes ensemble : un mâle avec 4 femelles adultes. Les individus vivaient très étroitement ensemble avec des contacts physiques fréquents. Sur 5 observations de groupes, le nombre de femelles était supérieur au nombre de mâles dans trois cas. Dans un autre cas, une femelle était entourée de trois mâles. Toutefois, la majorité des observations concernaient

Récit de Florian Doré, île d'Oléron, 26 avril 2008
Faire le dos rond

Florian Doré

Un mâle s'insole au centre de la garenne, dressé sur ses pattes avant. Il reste de longues minutes immobilisé prenant ainsi un véritable bain de soleil. Un autre mâle arrive derrière lui en courant, en provenance d'un pin couché et situé à l'ouest de cette garenne. Le premier des mâles se met à faire brièvement une sorte de dos rond en décelant l'approche de l'autre individu. Celui-ci a disparu dans l'un des terriers de la même garenne sans prêter attention à ce que faisait l'autre mâle et en passant à environ un mètre de ce dernier. Ce comportement fut bref. Le mâle en phase de thermorégulation a repris sa position initiale quelques secondes après l'avoir stoppée.

Récit de Florian Doré, île d'Oléron, 6 mai 2008
Le respect des aînés

Vers 16h45, débutent des comportements de pré-accouplement entre un vieux mâle et une femelle. Deux phases d'accouplement ont lieu à proximité de l'entrée d'un gîte artificiel. Cela dure entre 5 et 10 minutes. Pendant le deuxième accouplement, un autre mâle, plus petit et semblant être plus jeune que le premier, arrive près du couple en faisant le tour de ce dernier à moins d'un mètre tout en le regardant et en scrutant de temps à autre autour de lui. À la fin de l'accouplement, la femelle entre dans le gîte artificiel. Le vieux mâle reste pour thermoréguler jusqu'à environ 19h00. Le plus jeune s'approche alors du vieux peu après l'accouplement (à moins d'un mètre peut-être vers 60-70 cm). À ce moment-là, le vieux mâle adopte une posture étrange en se dressant légèrement sur ses pattes avant, rabaissant sa tête légèrement vers le sol et courbant la partie antérieure de son dos (dos rond). Il reste immobilisé ainsi durant une petite minute. Le jeune mâle l'observe quelques instants puis s'éloigne quelque peu tout en restant à environ un mètre du plus vieux. Les deux adoptent un comportement de thermorégulation durant de longues minutes. Puis, le plus jeune des deux entre (par une seconde entrée) dans le gîte où se trouve déjà la femelle. Il en ressort quelques minutes plus tard, suivi par la femelle. Ils restent alors plusieurs minutes à thermoréguler proches du vieux mâle (20-30 cm). Pendant ce temps, ce dernier, ignorant ses congénères, continue la thermorégulation près de l'entrée du gîte où a eu lieu l'accouplement. La femelle entre à nouveau peu de temps après. Le jeune mâle se déplace alors pour trouver un poste de thermorégulation à un mètre du vieux mâle et reste ainsi pendant de longues minutes face à celui-ci, les deux animaux paraissant s'ignorer.

deux individus (un mâle et une femelle) observés pendant toute la période active.

Des comportements grégaires ont également été observés sur l'île de Berlenga au Portugal. Sur cette île, seuls les plus grands mâles défendent leur territoire et ceux-ci tolèrent, dans certains cas, d'autres petits mâles avec lesquels s'établit une relation de dominance. O. Paulo et L. Vicente suggèrent même que, contrairement à ce qui est connu sur le continent, les femelles y seraient

Récit de Florian Doré, île d'Oléron, 4 mai 2008

Combat entre deux femelles

Vers 11h00, une femelle s'insole à l'entrée d'un trou de rongeur. Le temps est idéal, pas trop chaud, sans vent, ciel découvert. Sur le secteur, de nombreux individus sont sortis et déjà en activité. Cette femelle adulte semble être la même qu'à l'habitude, taille comparable, la régénération de la queue semble identique, distance de fuite comparable aux jours précédents. Une autre femelle, paraissant plus petite, arrive et entre dans un autre trou de rongeur situé à 1,50 mètre en contrebas. La première femelle ignore cette arrivée. L'arrivante ressort de son trou au bout de quelques instants. Elle s'installe à quelques centimètres de l'entrée en position de thermorégulation et passe quelques minutes à s'insoler. Puis elle repart et se déplace dans la végétation non loin de l'autre femelle. Je la perds de vue puis soudain elle revient à grande vitesse en courant en direction de la première femelle. Celle-ci se retourne et fonce droit sur l'arrivante avant même qu'elle l'atteigne. Un combat très furtif s'engage entre les deux lézards, avec de petites morsures brèves. Ceci ne dure guère plus de 10 secondes. La plus grande femelle repousse l'arrivante de manière relativement aisée et retourne tranquillement à l'entrée de son trou pour continuer son bain de soleil. L'autre fuit rapidement vers le trou de rongeur situé en contrebas. Elle n'en ressortira qu'au bout de 15 minutes.

Pedro Galán

Ce mâle, photographié sur les îles Cies en Galice, est entouré de quatre femelles. Les phénomènes de « harem » semblent propres à certaines populations insulaires.

territoriales. Une observation réalisée sur Oléron va dans ce sens. En effet un combat assez violent mais bref entre deux femelles y a été observé (lire récit ci-dessus).

DOMAINE VITAL ET UTILISATION DE L'HABITAT

Le domaine vital d'un animal est l'aire occupée par un individu durant ses activités normales de recherche de nourriture et de reproduction. Cela exclut les phénomènes de dispersion ou de déplacements temporaires.

Comment le lézard ocellé utilise-t-il son habitat ? Effectue-t-il des déplacements importants ? Quelle est la taille de son domaine de vie ? Si certaines réponses peuvent être apportées au moins partiellement par l'observation directe, l'utilisation de techniques comme le radio pistage permet d'y répondre de manière plus complète.

Cette technique a été utilisée en Espagne, et en France (en Aquitaine, en Crau ainsi que sur l'île d'Oléron). Là encore, il est important, si on veut comparer des domaines vitaux entre populations, de prendre en compte la méthode de calcul utilisée, les périodes et la durée de l'étude, ainsi que le statut des individus suivis. Le domaine vital d'un animal peut en effet évoluer au cours de l'âge, au cours des saisons, ou encore en fonction de la disponiblité des ressources alimentaires.

Les domaines vitaux ont été étudiés en Espagne dans la Sierra de Guadarrama, grâce au suivi d'individus équipés d'émetteurs entre mi-avril et mi-juillet. La taille des domaines vitaux déduite de la

Florian Doré

Mâle équipé d'un émetteur positionné à la base de la queue.

Pierre Grillet

Récepteur calé sur la fréquence d'émission d'un lézard ocellé équipé d'un émetteur, il est possible à l'aide de l'antenne de retrouver la position de l'individu.

méthode des polygones convexes (lignes joignant les points extrêmes d'observation) s'établit entre 2 800 et 5 844 m² (moyenne de 3 750 m²) chez les femelles et entre 1 424 et 22 106 m² (moyenne de 11 087 m²) chez les mâles (100 % des points pris en compte) (voir tableau). La différence apparaît significative entre sexes. Comme il est habituel chez les lézards, les mâles affichent un domaine vital supérieur à celui des femelles, ce qui a pour conséquence d'augmenter les probabilités de rencontrer des femelles (en moyenne, le domaine vital d'un mâle recoupe celui de 2 à 6 femelles). La différence observée entre classes de poids (donc d'âge) suggère deux choses : premièrement que les vieux individus choisissent les meilleurs territoires ce qui limite leurs besoins et, deuxièmement, que les jeunes, en recherche d'un bon territoire, ont un comportement exploratoire plus important que les vieux adultes.

L'étude menée en Aquitaine porte sur 14 mâles et 4 femelles suivis durant plus d'un mois en 2010. Dans ce cas, la taille des domaines vitaux donne une superficie comprise entre 272 et 6 245 m² chez les femelles et entre 667 et 13 980 m² chez les mâles. On retrouve donc, comme en Espagne, de plus grands domaines vitaux chez les mâles. Le déplacement moyen entre deux points de mesure est de 30 mètres avec 14 m pour le moins mobile et 80 m pour le plus mobile. Le plus grand déplacement constaté a été de 580 m pour un mâle entre deux localisations d'une même journée.

Sur Oléron, l'étude de radio-télémétrie a été réalisée en mai et juin 2008 et 2009. Dans ce cas, les domaines vitaux des mâles suivis en 2009 varient de 1738 à 16 233 m² (moyenne = 5 161 m²) (méthode des polygones convexes minimum) et ceux des trois femelles suivies en 2008, de 1 157 à 4 521 m² (méthode fixe de Kernel, détermination du paramètre de lissage *h* par validation croisée, 95 % des points pris en compte).

Sur la base de ces trois études, on peut conclure que le domaine vital du lézard ocellé, durant une partie de la saison d'activité tout au moins, s'étend en moyenne sur moins d'un hectare, ce qui est peu pour un animal de cette taille.

Estimation de la taille des domaines vitaux chez le lézard ocellé.

	Nb mâles suivis	Nb femelles suivies	Domaine vital mâle : min-max (moyenne) en m²	Domaine vital femelle : min-max (moyenne) en m²	Méthode de calcul
Sierra de Guadarrama, 2004 (Espagne)	?	?	1424-22106 (11087)	2800-5844 (3750)	polygones minimum convexes
Île d'Oléron, 2008 (France)	3	3	1643-26320 (-)	1157-4521 (-)	Kernel fixe
Île d'Oléron, 2009 (France)	7		1738-16233 (5161)		polygones minimum convexes
Gironde, 2010 (France)	14	4	667-13980 (5154)	272-6245 (2241)	polygones minimum convexes

Localisation des points de contacts avec un individu suivi par télémétrie (points vert) et des terriers de lapin (carré jaune) disponibles au sein du domaine vital. Comme on peut le voir, le lézard ne s'aventure guère dans les zones dépourvues de terriers de lapin.

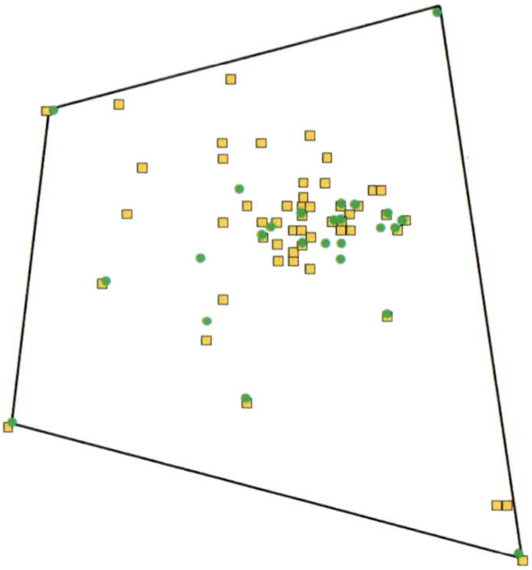

Les déplacements journaliers sont très variables. Ils sont essentiellement déterminés par les conditions météorologiques du moment.

En général, les femelles s'éloignent peu de leur gîte et effectuent de courts déplacements autour de ces derniers (11 à 15 m par jour). En période de ponte, la recherche d'emplacements où disposer les œufs amène les femelles à effectuer des déplacements beaucoup plus importants. C'est le cas d'une femelle observée sur Oléron à 100 mètres de son gîte le 31 mai 2008, puis à nouveau à 100 mètres le 2 juin puis à 200 mètres le 4 juin. Le 2 juin, elle fut observée dans un trou de sable sous un tapis de mousse situé au pied d'une touffe d'oyat *Ammophila arenaria*. De toute évidence, elle était en train de creuser un emplacement pour déposer sa ponte. Une autre femelle a parcouru près de 100 mètres le 7 juin 2008 puis une autre le lendemain. Toutes ces femelles étaient gravides et les dates de ces déplacements correspondent aux périodes de ponte. En dehors de ces journées, les déplacements n'excèdent pas 40 mètres par jour.

Les mâles se déplacent plus (26 à 101 m par jour) et plus aléatoirement, avec toutefois de plus grands déplacements durant le mois de mai, lorsqu'ils recherchent des femelles pour les accouplements. Ainsi un déplacement de près de 500 mètres a été noté pour un mâle. Ceci est concordant avec les observations réalisées en Aquitaine.

Les suivis télémétriques réalisés sur Oléron montrent que les gîtes jouent un rôle fondamental dans la structuration spatiale des déplacements et dans la façon dont les lézards exploitent leur domaine vital. Nous avons pu constater qu'un individu utilise généralement plus d'une dizaine de gîtes différents au cours d'un mois, certains mâles en utilisant jusqu'à 25. Certains de ces gîtes sont utilisés de manière très temporaire, d'autres très souvent. Les gîtes temporaires sont souvent des buissons, des tôles ou des pierres, tandis que les gîtes principaux sont plutôt des terriers de lapin et des trous de rongeurs dans lesquels les individus passent la nuit. Quelques gîtes (1 à 3) sont donc utilisés très régulièrement (gîtes principaux). Les autres sont occupés brièvement au cours des déplacements journaliers afin de répondre à plusieurs besoins : repos, régulation de la température corporelle, protection face à un prédateur (gîtes secondaires)... Dans la plaine de la Crau, le suivi par capture-recapture durant deux années de 340 lézards donne des indications complémentaires

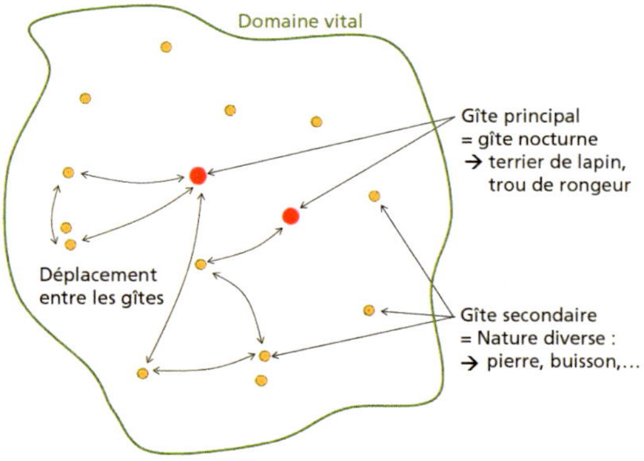

Schématisation d'un domaine vital de lézard ocellé sur l'île d'Oléron.

concernant la mobilité des animaux. La mesure des distances entre captures successives montre que les juvéniles sont rarement capturés à plus de 25 m de leur précédente capture (séparée d'une semaine au minimum), les subadultes rarement à plus de 75 m, tandis que les adultes peuvent régulièrement être observés au-delà de 75 m, et jusqu'à 225 dans quelques cas. Ceci ne signifie pas forcément que les adultes ont un domaine vital plus important, l'inverse ayant été montré en Espagne. Les adultes peuvent en effet réaliser

Mais pour aller d'un point à un autre, par où passe t-il ?

Si la télémétrie fournit de précieux renseignements sur le domaine vital, et nous renseigne sur les distances d'un point de mesure vers un autre point de mesure, elle ne nous informe pas sur le trajet effectué entre les points de relevés... Autrement dit, sur la façon dont le lézard ocellé utilise l'espace lors de ses déplacements. Pour essayer d'y répondre, nous avons testé sur Oléron deux méthodes : celle des pigments fluorescents et celle de la bobine de fil.

La méthode des pigments consiste à capturer l'animal pour lui enduire le ventre et les pattes de pigments fluorescents appelés « insect tracing color » et mélangés avec de l'huile de parafine. L'individu badigeonné de pigments les dépose au sol au cours de ses déplacements. Il est possible de retracer le parcours effectué en revenant en début de nuit à l'aide d'une lampe UV réfléchissant les pigments.

La méthode de la bobine de fil consiste, après avoir attrapé l'animal, à lui fixer une bobine de fil avec du sparadrap à la base de la queue, bobine dont le fil se déroule de l'intérieur lorsque l'animal se déplace. Ainsi, on peut connaître le trajet exact suivi par l'animal en longeant le fil.

Avec ces méthodes, nous avons pu suivre six individus sur des distances variables (entre 25 m et 100 m). Un mâle par exemple, a été suivi sur 72 m dans un milieu de dune à clématite flamette Clematis flammula. On a pu constater que l'animal passe de zones ouvertes de dune grise à tortula (mousse) à des zones plus fermées à clématite sans chercher à les éviter. Il passe même sous les clématites. De manière générale, le lézard ocellé ne semble pas se restreindre aux microhabitats les plus ouverts. En effet il utilise, même dans les dunes grises, les touffes de végétation afin de se dissimuler entre des séquences de déplacements dans les faciès les plus ouverts. Ces touffes doivent être assez importantes (clématites par exemple) pour permettre aux individus de se réfugier. Les individus passent sur ou évitent les touffes ou pieds de végétation les plus petits (comme les immortelles). Un micro habitat diversifié est probablement nécessaire pour cette espèce. Comme nous l'avons vu précemment, une strate herbacée trop fermée et occupant une surface trop importante constitue, elle, un obstacle réel.

Les deux méthodes ont leurs avantages et leurs inconvénients : ainsi, pour la méthode des pigments, le principal inconvénient réside dans l'obligation de suivre la piste à partir du lieu de lâcher, alors que l'animal est stressé. Le relâcher au niveau de son gîte n'est pas envisageable car il pourrait perdre ses pigments avant même de ressortir. Ce problème n'existe pas pour la bobine de fil. Une fois équipé, l'animal est relâché à l'entrée de son gîte et il peut y rester le temps qu'il veut avant de ressortir. Ainsi, on peut estimer que le parcours suivi par le lézard ne présente pas de biais. En revanche, l'inconvénient majeur réside dans la légèreté du fil qui peut s'envoler avec le vent, surtout en milieu très ouvert où le fil a peu d'accroche à la végétation, ce qui peut rendre le suivi impossible.

plus de déplacements sur un petit territoire fixe. Au contraire, les jeunes individus peuvent, en cumulant de plus courts déplacements mais en changeant plus régulièrement de gîtes, occuper de plus grands territoires.

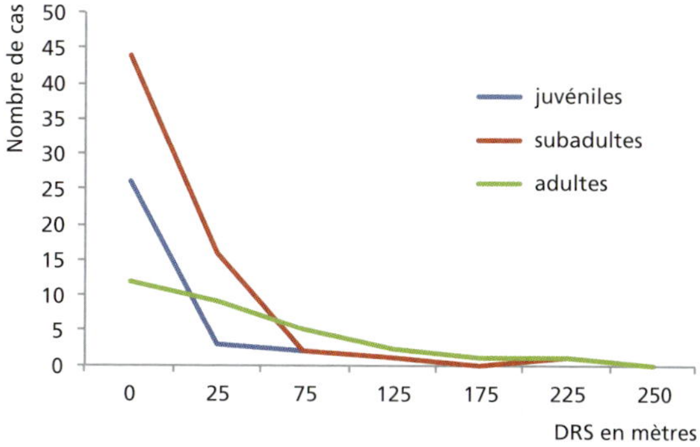

Distances entre captures successives des lézards suivis sur le site de Peau de Meau en plaine de Crau (période mars à novembre 1992). On voit que les juvéniles (moins de 1 an) et les sub-adultes (dans leur seconde année de vie) sont nettement moins mobiles que les adultes (3 ans et plus). (données originales de J. Mateo et M. Cheylan).

Références

Densités : Doré *et al.* (2011b), Díaz *et al.* (2006), Galán (2000, 2003), Mateo (2011), Vicente (1989) – **Vie sociale en conditions insulaires :** Cheylan & Grillet (2004), Galán (2000, 2003), Paulo (1988), Vicente (1989) – **Domaine vital et utilisation de l'habitat :** Berroneau (2012), Doré *et al.* (2009b), Grillet *et al.* (2008), Lefebvre *et al.* (2009), Salvador *et al.* (2004), Thirion *et al.* (2008).

Joseph Celse

Partie 4

Une espèce en déclin

Le déclin du lézard ocellé ne fait plus guère de doute, bien que l'on manque d'informations précises pour en évaluer l'ampleur.

Une régression inquiétante

Jusqu'à une période récente, le lézard ocellé était considéré comme une espèce abondante, notamment en Espagne et au Portugal où l'on pouvait l'observer avec facilité dans la plupart des régions. Depuis une vingtaine d'années, la situation semble s'être dégradée, ce qui se traduit localement par des disparitions brutales et inexpliquées. Ces disparitions ou fortes régressions concernent des populations insulaires comme celle de Berlenga au Portugal ou de Porquerolles en Provence, mais aussi des populations continentales situées en zone protégée comme le parc national de Doñana dans le sud de l'Espagne, le parc naturel des Aiguamolls de l'Empordà en Catalogne ou la réserve naturelle des Coussouls de Crau en Provence. Les causes de ce déclin sont encore débattues. Elles sont sans doute multi-factorielles et variables selon les situations.

Aux marges de sa distribution, le lézard ocellé est clairement en phase de déclin. Une dizaine de populations ont ainsi disparu au cours de la période 1840-2001 en limite nord-ouest de la distribution de l'espèce, nombre sans doute sous-évalué du fait que toutes les populations anciennement connues n'ont pas encore été revisitées. Les populations d'Oléron et de Bussac en Charente-Maritime, bien que non éteintes, sont toutes deux en voie de déclin prononcé.

Ce déclin s'exprime avec une acuité particulière dans les petites populations, ce qui constitue souvent un signe avant-coureur de phénomènes plus globaux. En limite nord de répartition, plusieurs populations isolées peuvent d'ores et déjà être considérées comme éteintes : c'est le cas de celle de la forêt d'Olonne en Vendée où un seul individu aurait été vu au début des années 1980 ; de Châtelaillon au sud de La Rochelle, mentionnée par Gelin (1911) en 1879 et dont la disparition est certainement liée à l'aménagement du littoral ; de Rochefort et Soubise signalée en 1841 par Lesson et dont les habitats sont aujourd'hui urbanisés ; d'Arlac en Gironde signalée par Lataste en 1875 sur l'emplacement de l'actuel aéroport Bordeaux-Mérignac ; de la forêt de la Braconne près d'Angoulême signalée en 1842 par Trémeau de Rochebrune, ainsi que de la population des environs de Limoges signalée en 1890 par Boudet et Raymondeau. De façon générale, la survie des populations situées entre le Lot et la Charente-Maritime semble aujourd'hui fortement compromise malgré le fait que tous les sites occupés par l'espèce ont été identifiés en tant que ZNIEFF (Zone naturelle d'intérêt écologique floristique et faunistique) et que quatre d'entre eux (Borrèze, la Rochebeaucourt, Marsac, Bussac) font partie du réseau Natura 2000.

Doit-on accorder de l'intérêt aux populations « marginales » ?

Les moyens de la protection de la nature étant limités, on peut s'interroger sur l'utilité à se préoccuper de populations isolées, de petite taille, généralement situées en limite de distribution.

La réponse est oui car, du fait de la plus forte sensibilité de ces populations aux facteurs environnementaux et anthropiques, il est plus facile d'y comprendre les causes de déclin et d'y apporter remède. En particulier, les facteurs de déclin liés aux changements climatiques s'y manifestent avec plus d'acuité, du fait même de la marginalité climatique de ces populations. En outre, la petite taille des populations permet de mieux comprendre l'effet de certains processus tels que les aléas démographiques liés à une petite population.

En dernier lieu, ces petites populations sont la mémoire génétique et écologique de populations jadis plus prospères, des conservatoires de processus évolutifs en quelque sorte.

Florian Doré

L'aménagement du littoral, comme ici en Aquitaine, est facteur de destruction des habitats et de fragmentation des populations de lézard ocellé.

Marc Cheylan

Florian Doré, Pierre Grillet et Sebastiano Salvidio lors de la redécouverte du lézard ocellé sur le site de Pompeiana en Ligurie, le 26 mars 2011. Le lézard ocellé n'avait plus été vu sur ce site depuis des années.

La dépression de consanguinité

Ce phénomène consiste en la réduction de la valeur sélective d'une population liée à la reproduction entre individus apparentés (consanguinité). La consanguinité a pour effet de diminuer la diversité génétique et faire apparaître dans la population des caractères récessifs délétères pouvant générer des individus inaptes. La dépression de consanguinité est souvent le résultat d'un goulot d'étranglement génétique, lorsqu'une partie substantielle d'une population disparait ou est empêchée de se reproduire.

Sur la petite île de Paloma en Espagne, dont la superficie ne dépasse pas 2 ha, Mateo (1988) signale la présence d'individus aveugles pouvant résulter d'une dépression de consanguinité.

Référence : Mateo (1988).

En Italie, la situation est particulièrement préoccupante puisque seuls 7 des 19 sites connus historiquement ont été confirmés au cours des 20 dernières années. Selon Ferri « *les populations sont en net déclin en Ligurie* ».

Marc Cheylan

L'île Pomègues, comme les autres de l'archipel du Frioul au large de Marseille, présente des milieux très ouverts et une végétation lacunaire.

À cela s'ajoute la disparition des deux seules populations insulaires méditerranéennes françaises : îles de Ratonneau et de Porquerolles (voir p. 62 et 145), mais aussi la disparition de la population de l'île de Berlenga au Portugal.

Les constats de déclin au sein de l'aire principale de distribution de l'espèce sont plus inquiétants. Ils suggèrent en effet des causes plus profondes, indépendantes de phénomènes d'ordre aléatoire tels que les fluctuations d'effectifs au sein de petites populations, les catastrophes naturelles, les phénomènes de dépression de consanguinité, etc.

La dernière population insulaire française

Les partenariats engagés dès 1996 avec l'ONF sur l'île d'Oléron ont permis de mieux connaître la situation de l'espèce sur cette île. On a pu constater que le lézard ocellé occupe de nos jours une bande dunaire littorale d'environ 8 kilomètres située dans le sud-ouest de l'île, sous la forme de quatre gros noyaux de population tous reliés entre eux dans les années 1990. Les témoignages recueillis prouvent que l'espèce a considérablement restreint sa répartition au cours des 50 dernières années. Ainsi, les observations réalisées entre 1949 et 1965 par Philippe Merveilleux du Vignaux indiquent sa présence à l'intérieur de l'île vers la Rémigeasse, Dolus et Boyardville. Selon cet observateur, l'espèce était commune à cette époque comme en témoignent les propos rapportés par Françoise Poitevin : « *Outre les observations régulières sur les dunes du sud-ouest de l'île, il observait aussi des Lézards ocellés dans d'autres secteurs. Vers la Rémigeasse, il en observait régulièrement dans les vignes abandonnées, autour de sa maison et sur un terrain voisin où se trouvait un puits peu profond dans lequel les lézards tombaient régulièrement et qu'il pouvait ainsi capturer pour les relâcher… Il en observait également près de Dolus dans une ancienne carrière. Au nord de Dolus, en direction de Boyardville, au niveau de marais salants, les lézards étaient observés sur les digues. Ces digues étaient pâturées et relativement larges (4 à 5 m)* ». Sa présence dans l'intérieur de l'île sera à nouveau mentionnée par Georges Olioso en 1977, en bordure ouest de la forêt des Saumonards, puis par Philippe Jourde dans les années 1980. Aujourd'hui, le lézard ocellé ne subsiste plus que sur une toute petite partie de l'île. Il est menacé à la fois par l'important recul du trait de côte, par la raréfaction des lapins et par diverses menaces telles que la divagation des chiens et la prédation exercée par les chats.

Références : Grillet (2008), Thirion *et al.* (2002).

Ce constat a été fait il y a une trentaine d'années déjà dans certaines régions d'Espagne. En 1987, Javier et Escriva écrivaient en effet à propos de cette espèce « *jusqu'à une époque assez récente, le lézard ocellé était une espèce extraordinairement abondante dans toute la péninsule. Aujourd'hui, on peut la considérer comme commune, bien que quelques populations aient disparu, plus particulièrement celles qui sont situées à proximité de secteurs habités. Actuellement les exemplaires de 18-20 cm de longueur corporelle sont exceptionnels alors qu'ils étaient encore fréquents, il y a moins de 10 années. L'usage des pesticides, la destruction des habitats et la chasse sans discernement, sont les causes d'une récession continuelle de ses populations* ». En 1997, Mateo constate « *bien que le lézard ocellé ne soit pas une espèce en danger, ses densités dans la péninsule Ibérique semblent baisser progressivement… Il commence à être rare dans le sud-est ibérique* ». Quelques années plus tard, en 2002, ce même auteur est plus affirmatif : « *cette soudaine diminution pourrait être un phénomène généralisé, d'où la nécessité d'entreprendre des études sur l'évolution des populations* ».

Le constat fait en Espagne vaut également pour la zone méditerranéenne française, notamment pour la plaine de Crau qui abritait, jusqu'au début des années 1990, une des populations les plus importantes de France. Dans les années 1995, les visites effectuées en Crau ont montré une chute brutale des effectifs, sans cause apparente évidente, et bien que le site soit protégé depuis 1988 grâce à son acquisition par diverses ONG, puis par la mise en place d'une réserve naturelle nationale en 2001.

La reconduite, en 2009, d'une étude menée en 1992 et 1993 sur le site de Peau de Meau a montré que la population de lézards ocellés y a décru de 76 à 83 %, sans que des modifications aient été constatées sur le milieu de vie des lézards.

Références

Boudet & Raymondeau (1890), Cheylan & Grillet (2003), Ferri (1994), Gelin (1911), Javier & Escriva (1987), Lataste (1875), Lesson (1841), Mateo (1997), Tremeau de Rochebrune (1843).

Des menaces identifiées

Les causes de déclin du lézard ocellé ne sont pas toujours connues. Mais parmi les menaces identifiées, la plupart sont liées à l'activité humaine. L'évolution des paysages, que ce soit par urbanisation ou par déprise agricole constitue sans doute le facteur principal. Des causes plus insidieuses semblent également jouer telles que l'impact de produits antiparasitaires administrés aux troupeaux ou la prolifération d'espèces animales favorisées par l'Homme. Enfin, les changements climatiques sont également à prendre en considération.

LA DÉPRISE RURALE : PERTE D'HABITATS FAVORABLES

Le lézard ocellé est très sensible à la reforestation et à la fermeture des milieux, du fait de son attachement aux milieux ouverts. Grillet *et al.* (2006) ont montré qu'il s'agissait d'une cause de déclin majeure dans l'ouest de la France. Cette étude a porté sur 10 sites encore occupés par le lézard ocellé dans les départements du Lot, de la Dordogne, de la Corrèze, de la Charente et de la Charente-Maritime. Elle s'est penchée sur l'évolution des paysages de 1950 à nos jours sur la base des photographies aériennes des années 1950, 1977-1980 et 1998–2001.

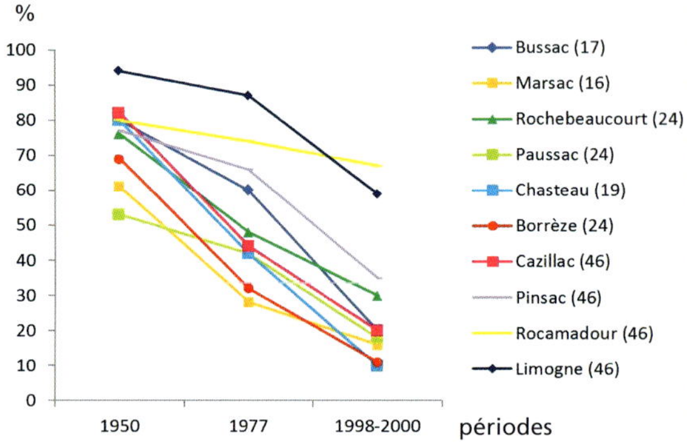

Régression des habitats favorables au lézard ocellé (pelouse et bois < 50 % de recouvrement) sur 10 sites de l'ouest de la France.

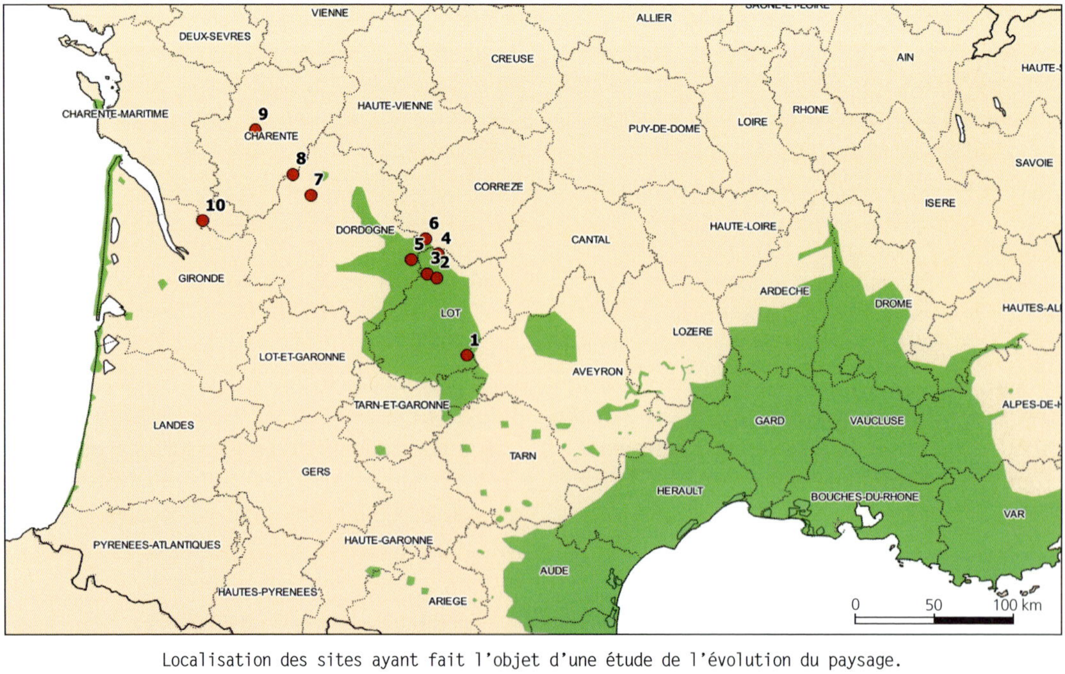

Localisation des sites ayant fait l'objet d'une étude de l'évolution du paysage.

La mosaïque d'habitats du plateau de Leucate (Aude) retient une biodiversité remarquable et une belle population de lézards ocellés, malheureusement menacées par l'embroussaillement. Des programmes visant à contrer cette dynamique sont en cours sur ce site : coupes des buissons, mise en place de troupeaux permettant le maintien des milieux ouverts anciennement cultivés ou pâturés.

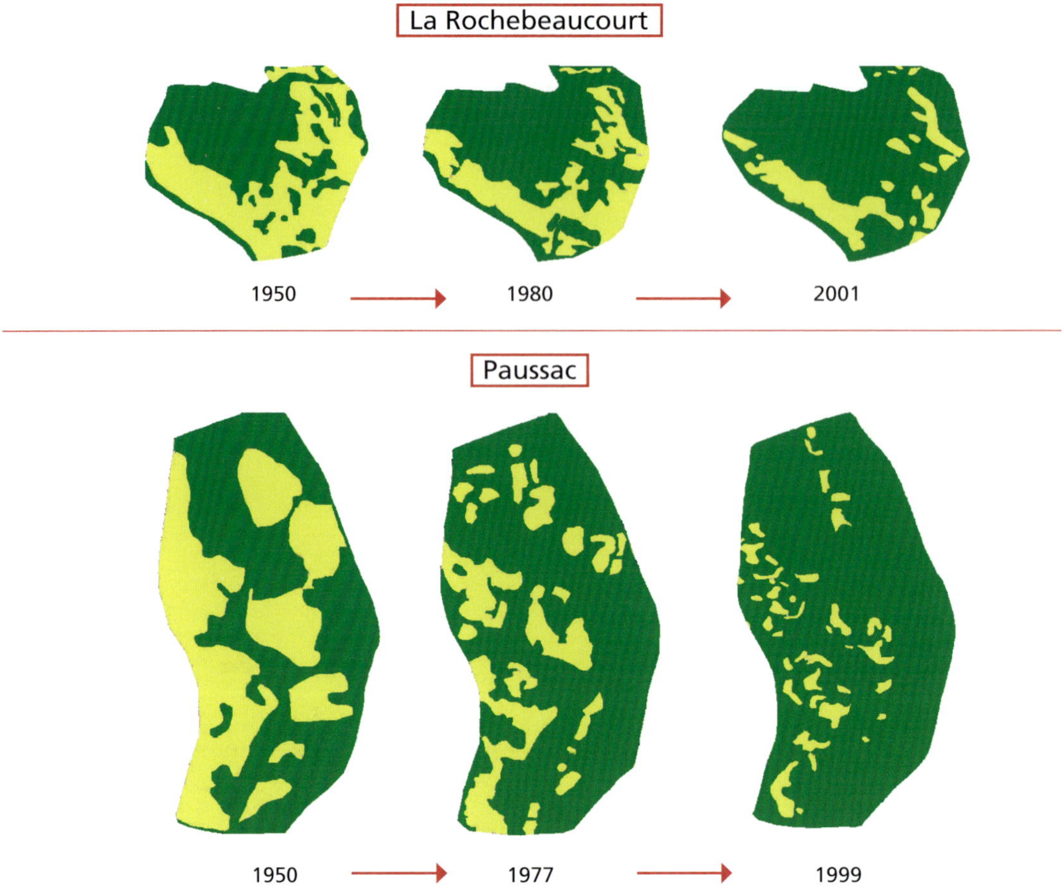

Régression des habitats favorables au lézard ocellé (en jaune) sur les sites de La Rochebeaucourt et de Paussac-et-Saint-Vivien (Dordogne), entre 1950 et 2001.

Les résultats mettent en avant un recul de 45 % des habitats favorables (zones ouvertes non cultivées avec un recouvrement en boisement inférieur à 50 %) sur la période considérée. Une telle évolution conduira, si elle se poursuit, à la disparition prochaine des populations de lézard ocellé.

La perte surfacique s'accompagne d'un morcellement des habitats favorables avec pour conséquence la formation de noyaux de populations de plus en plus isolés et, par voie de conséquences, la réduction, voire la fin des échanges entre noyaux. C'est le cas sur le site de Paussac-et-Saint-Vivien en Dordogne près de la Rochebeaucourt où les pelouses utilisées par le lézard ocellé subissent un net recul au profit des surfaces boisées.

Cette régression des milieux ouverts concerne surtout des terrains entretenus jadis par l'élevage extensif, donc peu rentables d'un point de vue économique. Elle se traduit par un gain important en surfaces boisées. Ce processus s'observe dans la plupart des régions occupées par l'espèce et, de façon générale, dans la moitié sud de la France. Il illustre l'évolution de la forêt française qui a doublé en surface depuis le milieu du XIXe siècle.

Le Lot, la Dordogne et la Corrèze font partie des départements français les plus concernés par cette progression. En Corrèze, la surface forestière est ainsi passée de 236 500 ha en 1962 à 262 800 ha en 1990, soit un gain de 26 300 ha (11 %) de forêts en 28 ans, principalement gagnés sur les secteurs de landes. Pour certains sites comme Marsac en Charente, la régression des pelouses s'est faite au profit de l'accroissement des surfaces cultivées.

En Dordogne, Francis Berger constatait dès 2002 que « *les populations actuelles sont sur des terrains secs et caillouteux où les pâturages étaient fréquents jusque dans les années 1960. Depuis cette*

Habitat en voie de fermeture en Dordogne à Paussac-et-Saint-Vivien. On remarque les jeunes pins qui commencent à se développer. Dans un tel contexte, les secteurs encore favorables sont réduits à de petits îlots qui ne se maintiennent qu'à la faveur d'affleurements rocheux.

période, la déprise agricole et donc l'enfrichement, gagne sur pratiquement toutes les zones occupées par l'espèce ». Selon Dupin (2008), entre 1977 et 2006, 25 % des surfaces de pelouses sèches sont devenues des landes dans le parc naturel régional des causses du Quercy, 10 % des forêts et 10 % ont été mis en culture. Dans le même temps, 55 % des landes calcicoles sont devenues des forêts et 10 % de ces landes ont été mises en culture.

Dans la région méditerranéenne française, les milieux forestiers sont en constante progression. La forêt y occupe aujourd'hui 37,7 % des terres, avec une progression annuelle comprise entre 1 et plus de 2 % (sources IFN). Cette progression de la forêt s'est faite en trois grandes vagues : une première vague à la fin du XIXe siècle favorisée par un

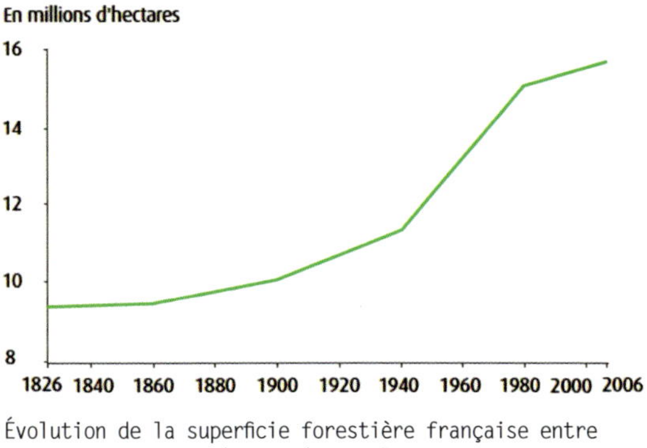

Évolution de la superficie forestière française entre 1826 et 2006. D'après données de l'IFN.

abandon des campagnes (région méditerranéenne surtout) mais aussi par un ensemble de lois en faveur de la « conservation des terrains ». Ces réglementations ont amené d'importantes opérations de reboisement, notamment en montagne (avec le programme de restauration des terrains en montagne (RTM) dont la mssion première était le reboisement des zones les plus dégradées), mais aussi sur les dunes, les marais et les landes. La deuxième vague se place entre les années 1900 et 1948. Elle correspond à une période de forte demande en pâte à papier et bois d'œuvre ; également à une période de fort exode rural faisant suite à la Première Guerre mondiale. La troisième vague de boisement est moderne (1948 à aujourd'hui). Elle est aussi la plus importante et la plus généralisée. Elle résulte d'un exode en direction des villes et des régions littorales, mais aussi pour partie d'incitations fiscales ou d'aide directes (fonds forestier national, prêts en faveur de plantations). Ces incitations financières perdent leur attrait dans les années 1970, bien que certaines soient encore en vigueur aujourd'hui. L'abandon des terres agricoles se traduit en région méditerranéenne par une rapide extension du pin d'Alep, localement du pin maritime, essences qui peuvent constituer une forêt dense en moins de 50 ans. En moyenne montagne, c'est principalement le pin sylvestre qui colonise les espaces nus ou faiblement boisés.

Florian Doré

Garenne très active avec de nombreuses entrées sur le terrain militaire de Bussac-Forêt dans le sud de la Charente-Maritime. Celle-ci peut héberger à la fois des lapins et plusieurs lézards ocellés.

Dans la Sierra de Guadarrama, au centre de l'Espagne, des plantations de pins sylvestres dans des zones anciennement occupées par des chênes ont également conduit à faire disparaître le lézard ocellé. C'est vrai aussi au Portugal avec le développement des plantations d'eucalyptus destinés à la pâte à papier.

Les évolutions des pratiques agricoles ont également eu pour conséquence la perte de nombreux habitats. C'est le cas notamment en Andalousie avec l'intensification des cultures d'oliviers, et le développement des cultures sous serre.

Marc Cheylan

Paysage très artificialisé par les cultures intensives d'olivier en Andalousie entre Andujar et Jaen.

Un exemple de régression parallèle : lapin - lézard ocellé

Sur Oléron, la présence du lapin est certaine depuis le début du XIe siècle et peut-être même dès l'an 470 si l'on en croit un écrit de Sidoine Apollinaire. Très abondant jusqu'au milieu des années 1990 (Claude Dauge, com. pers.), il a fortement décliné à partir des années 2000. Entre 2001 et 2006, le nombre de terriers de lapin a ainsi chuté de 40 % à plus de 80 % selon les secteurs, avec une accentuation du phénomène en 2007 et 2008. La mise en place d'un suivi à partir de 2007 a révélé la disparition du lézard ocellé sur le secteur le plus touché par le déclin du lapin alors qu'il y était bien présent en 2000.

Références : Delafosse (1994), Doré *et al.* (2011a), Grillet *et al.* (2008), Thomas (2000).

LA CRISE DU LOGEMENT : LE DÉCLIN DU LAPIN DE GARENNE

Plusieurs études ont montré les liens qui unissent le lézard ocellé au lapin de garenne, notamment au travers des gîtes que celui-ci lui met à disposition (voir p. 83, 124 et 128). C'est particulièrement le cas dans les régions dépourvues de pierres : littoral atlantique, Camargue, où le maintien du lézard ocellé semble étroitement associé au maintien du lapin de garenne.

Or les populations de lapins ont subi un déclin alarmant au cours des dernières décennies, pouvant atteindre 80 à 95 % des effectifs par rapport aux années 1950. Ce déclin résulte pour l'essentiel de l'introduction par l'Homme de maladies virales : myxomatose puis fièvre hémorragique. D'autres facteurs comme le changement d'utilisation des terres et une mauvaise gestion cynégétique ont également contribué à la baisse des populations de lapins. Ainsi, le lapin de garenne subit une régression généralisée en Europe et notamment en péninsule Ibérique où il représente une espèce clé de voûte dans les écosystèmes. En Espagne et au Portugal, son déclin aura vraisemblablement des conséquences importantes pour les nombreux prédateurs de l'espèce (39 espèces concernées)

Jean-Michel Bompar

Le déclin du lapin de garenne a de nombreuses conséquences sur les écosystèmes méditerranéens. Il est une des principales causes de raréfaction du lynx ibérique ou lynx pardelle pour lequel il constitue l'essentiel du régime alimentaire. La population mondiale de lynx se chiffre aujourd'hui à moins de 200 individus. Sierra de Andùjar, Andalousie, Espagne.

mais aussi pour les habitats et les insectes qui profitent de sa présence. D'après Ward, les effectifs de lapin en Espagne et au Portugal ne sont plus aujourd'hui que de 5 % par rapport à ce qu'ils étaient il y a 50 ans.

La prise en compte du devenir des populations de lapin de garenne est considérée pour l'Espagne et le Portugal comme un enjeu majeur pour la conservation de la nature dans ces pays (Munoz *et al*, 2004 ; Ward, 2005).

En France, les spécialistes du lapin comme Stéphane Marchandeau estiment que l'espèce connaît un déclin global, même si, localement, il peut y avoir pullulation. En Camargue, la quasi disparition du lapin est également considérée comme la cause la plus probable de l'extrême raréfaction du lézard ocellé. Le lapin de garenne est considéré comme « quasi menacé » sur la liste rouge nationale de l'UICN (2009b), bien qu'il soit dans le même temps considéré comme nuisible dans certains départements...

Florian Doré

Les maladies introduites par l'homme (myxomatose, fièvre hémorragique) sont la principale cause de déclin ou de disparition du lapin de garenne.

URBANISATION

L'aménagement du territoire, la multiplication des infrastructures routières, la construction de maisons individuelles, de bâtiments agricoles et industriels entraînent des pertes d'habitats importantes et des destructions directes d'individus. Ces aménagements conduisent également à une fragmentation des populations et des mortalités non négligeables du fait des écrasements provoqués par le passage des véhicules.

L'exemple du département de l'Hérault est significatif de ce point de vue : en 2006, 12 % du territoire était artificialisé (routes, constructions) pour 15,5% actuellement. Les périphéries des villages traditionnellement aménagées en vergers et cultures potagères (habitats très favorables au lézard ocellé) sont aujourd'hui systématiquement loties. Entre 1997 et 2009, 7 360 ha ont été lotis dans le département, soit 1,5 fois l'équivalent de la ville de Montpellier. Ce phénomène est généralisable à la plupart des départements du littoral méditerranéen français, soumis depuis 30 ans à de très fortes pressions urbanistiques. Or cette urbanisation affecte prioritairement les zones de plaines, souvent agricoles, et peu les espaces boisés situés sur les reliefs, généralement mieux protégés. Ce sont donc les milieux les plus favorables au lézard ocellé qui sont les plus concernés par l'urbanisation.

Marc Cheylan

Vue aérienne du bassin d'Aix-en-Provence. Les pertes d'habitats favorables au lézard ocellé sont surtout dues à l'urbanisation, qui se développe en région méditerranéenne dans les zones basses, généralement sur les terres agricoles ou faiblement boisées.

La circulation automobile, conséquence directe de l'urbanisation, constitue un facteur de mortalité non négligeable. Selon les rapports du service de la voirie espagnole, le lézard ocellé serait le second reptile le plus écrasé sur les routes, bien que ce chiffre puisse être sur-estimé du fait d'une détectabilité plus élevée de l'espèce. Ces constats semblent généralisés en

Vincent Rivière

Ce lézard ocellé gîte juste en bord de route.

Espagne. Dans certaines localités, la mortalité liée aux écrasements sur les routes peut constituer une grave menace pour l'espèce. Dans le Midi méditerranéen français, le lézard ocellé fait partie des espèces régulièrement trouvées écrasées sur les routes. L'examen des causes de mortalités indiquées dans la base de données du laboratoire de Biogéographie et Écologie des Vertébrés de Montpellier, fait apparaître 247 individus écrasés, ce qui représente 7,8 % du total des observations consignées dans cette base de données pour cette espèce.

Inversement, nous n'avons jamais noté de lézards ocellés écrasés sur les petites routes pourtant très fréquentées qui coupent la dune entre des noyaux de population, sur l'île d'Oléron alors que celles-ci devraient au contraire se révéler très meurtrières. Ce constat est renforcé par les résultats obtenus lors des suivis télémétriques : alors que plusieurs individus avaient été équipés de part et d'autre d'un route coupant les plus importants noyaux de populations de lézard ocellés connus, nous n'avons jamais eu le cas d'un animal ayant traversé la route. Pourtant certains individus ont été localisés à moins de 2 m à plusieurs reprises. Cette route est très étroite (moins de 4 m de largeur), mais elle est très fréquentée du mois d'avril au mois d'octobre. Cette zone particulière est-elle considérée comme trop « dangereuse » et représente-t-elle une barrière pour eux ?

Christian Bavoux, naturaliste oléronais, ne recense qu'un seul lézard ocellé sur 28 lézards trouvés écrasés sur des routes ou pistes cyclables, dans sa base de données qu'il tient à jour depuis plusieurs années... Claude Dauge, agent de l'ONF depuis vingt ans sur Oléron n'a jamais vu de lézards ocellés écrasés sur les routes de l'île.

Le déclin du lézard ocellé dans la plaine de la Crau

La plaine de la Crau est un haut lieu de l'élevage ovin. On a pu y constater un brusque déclin du lézard ocellé, qui pourrait bien résulter de l'usage de produits antiparasitaires administrés aux moutons.

Observé à partir des années 1995, ce déclin pourrait résulter de l'usage de produits antiparasitaires de nouvelle génération. En effet, bien que le site soit protégé partiellement depuis 1988 et plus complètement depuis la mise en place de la réserve naturelle en 2001, aucune reconstitution de la population n'a été constatée. La faible abondance des coléoptères coprophages au sein de la communauté des coléoptères (1,3 % de l'ensemble de celle-ci) ainsi que la faible fréquence des coléoptères dans le régime alimentaire du lézard ocellé en Crau (26.7 % des proies identifiées alors que la moyenne est de 53.9 % dans les régimes alimentaires étudiés en France, Espagne et Portugal) suggèrent un problème de ressources alimentaires dans cette population, et notamment un déficit en coléoptères coprophages (rappelons que la Crau est un des sites de France accueillant les plus fortes densités de brebis avec plus de 100 000 brebis sur une superficie d'environ 11 500 ha).

La reconduite, en 2009, des études menées sur le lézard ocellé en 1992 et 1993 a montré que la population ne présentait pas de problèmes de fécondité ou de recrutement. La structure en âge de la population possède en effet les mêmes caractéristiques que celles observées en 1993. Il semble donc que le problème soit de nature trophique : confrontée à un déclin de la ressource, la population aurait ajusté ses densités aux ressources alimentaires aujourd'hui disponibles.

Des études complémentaires sont toutefois nécessaires pour tenter de comprendre les causes de ce déclin. Il conviendrait tout particulièrement de mieux connaître la nature des produits passés et actuels administrés aux moutons, les périodes de traitement, les doses appliquées, les techniques d'application, les lieux de traitements. En laboratoire, il serait important d'évaluer de façon indépendante la toxicité des produits utilisés en Crau, en prélevant du crottin de mouton à différentes périodes de l'année, puis en l'administrant à des coléoptères coprophages détenus en élevage contrôlé. Au champ, il pourrait être envisagé de développer un partenariat avec un éleveur acceptant d'appliquer à son troupeau un cahier des charges précis, tenant compte des préconisations formulées par les entomologistes spécialistes de ces questions.

À ce jour, la question du déclin du lézard ocellé en Crau reste ouverte.

USAGE DE PRODUITS VÉTÉRINAIRES

À la fin des années 1980, de nouveaux produits vétérinaires faciles d'emploi et très efficaces sont apparus sur le marché des traitements antiparasitaires. Ils regroupent plusieurs types de produits : les anthelminthiques (vermifuges stricts) qui agissent sur les parasites internes des animaux tels que les nématodes gastro-intestinaux et les strongles pulmonaires ; les ectocides qui agissent sur les parasites externes, incluant poux, tiques, mouches piqueuses et acariens et les endectocides, qui agissent à la fois sur les parasites internes et externes.

Les endectocides ont révolutionné le monde des antiparasitaires. Outre leur prix attractif, ils possèdent un large spectre d'action, agissent sur une longue période, à de faibles doses, et sont faciles à appliquer. Ils sont aussi très bien tolérés par les herbivores, offrant ainsi de grandes marges de sécurité dans leur utilisation. L'application de ces composés provoque une paralysie chez les arthropodes et les nématodes. L'ivermectine, principal représentant des avermectines (groupe appartenant aux endectocides), était en 1996 le premier médicament vétérinaire vendu dans le monde. Reconnu très néfaste pour la faune coprophage, il a été retiré du marché français en 2005, mais rapidement remplacé par des produits également très nocifs pour l'entomofaune comme la doramectine, aujourd'hui largement utilisé par les éleveurs.

Les effets de ces produits sur la faune non-cible sont à présent bien documentés (voir synthèse dans Lumaret *et al.* 2012). Ces produits sont disséminés dans la nature via les crottes. Certains ont des effets délétères prolongés : de l'ordre de 91 à 217 jours en hiver et de 7 à 14 jours en été pour l'ivermectine.

Préconisations pour une meilleure gestion des troupeaux

Dans son étude axée sur la faune coprophage et les pratiques vétérinaires dans les Réserves Naturelles Catalanes, Pierre Jay-Robert (2011) fait un certain nombre de préconisations à destination des éleveurs et des vétérinaires :

« L'utilisation des avermectines devrait être proscrite au moment de l'émergence des insectes (printemps en plaine, début d'été en altitude) à la fois parce qu'il a été montré que les insectes adultes sont plus sensibles lorsqu'ils sont jeunes et parce que cette période (fin de la « saison froide ») est celle où se côtoient, dans les excréments, le plus grand nombre d'espèces.

Michel Geniez/Biotope

Exposés au sud, les versants de la réserve naturelle de Jujols dans les Pyrénées-Orientales sont pâturés par les ovins. Les réserves catalanes se sont préoccupées de l'impact que pourraient avoir les produits anti-parasitaires sur les coléoptères coprophages qui sont à la base de l'alimentation du lézard ocellé.

Il convient également de préserver le potentiel thérapeutique des endectocides qui constituent la dernière génération de produits à usage anthelminthique. La question des résistances susceptibles d'apparaître chez les parasites est aiguë pour la moxidectine, seule milbémycine actuellement disponible. Elle se pose déjà pour les avermectines. Cela impose d'administrer les produits avec discernement en évitant qu'un usage systématique exerce une trop forte pression de sélection sur les parasites. Les coprologies devraient donc précéder les traitements éventuels. Les traitements systématiques devraient être réservés aux cohortes d'animaux identifiés comme « vulnérables » (par exemple, les jeunes animaux). Tout traitement devrait s'accompagner d'une réflexion sur l'origine de l'infestation (pour tenter d'y remédier) et devrait prendre en compte le risque d'une dissémination massive des parasites consécutive au traitement (de nombreux œufs de parasites peuvent être émis lors de la mort des adultes).

En évaluant à sa juste mesure le parasitisme gastro-intestinal, on se donne les moyens de mieux le traiter et l'on sort de la « logique endectocide » pour s'autoriser le recours à une gamme plus étendue de produits (comme, par exemple, les anthelminthiques du groupe des benzimidazoles dont le spectre est moins large mais dont l'administration n'a pas d'effets connus sur les bousiers) ».

Référence : Jay-Robert (2011).

Compte tenu de leur toxicité, ils font l'objet de recommandations précises quant à leur utilisation. Ces recommandations sont malheureusement peu suivies du fait des contraintes qu'elles amènent à l'éleveur : respect des périodes de traitement, obligation de contention des animaux pendant une période déterminée...

Si l'élevage bovin ou ovin, dans certaines conditions, s'avère indispensable pour maintenir des milieux ouverts et favorables au lézard (ainsi qu'à de nombreuses autres espèces), il serait important de prendre en compte les impacts potentiellement négatifs de certains produits vétérinaires utilisés.

CAPTURE INTENTIONNELLE

Les captures intentionnelles représentent également une menace pour le lézard ocellé. Trois types de prélèvements sont à distinguer : les collections scientifiques, le marché de la terrariophilie et celui de la gastronomie. Dans les années 1970, une bonne partie des captures était destinée aux collections scientifiques. Ainsi, plus de 1500 exemplaires sont conservés à la station biologique de Doñana (Séville). La grande taille du lézard ocellé, ses belles couleurs et la facilité de maintien en captivité en ont fait l'un des sauriens les plus appréciés par les terrariophiles depuis la fin du XIXe siècle. Des prélèvements ont été observés dans la plaine de la Crau jusque dans les années 1990. Malgré la signature de la Convention de Berne par les États membres de l'Union européenne, les amateurs terrariophiles sont encore nombreux à détenir illégalement des individus. L'exploitation des lézards ocellés à des fins culinaires est une pratique très localisée de nos jours et restreinte au nord de l'Extrémadure. Elle était probablement plus étendue autrefois. Bien que traditionnelle, cette consommation est occasionnelle et plus proche de la curiosité folklorique que d'une véritable spécialité gastronomique. Les lézards ocellés sont ainsi découpés en morceaux puis grillés pour être mangés avec beaucoup d'ail ou pour accommoder les paellas. Des « *licores de lagarto* » faites de lézard ocellé plongé dans du marc de raisin sont également connues dans le centre-sud de l'Espagne.

AUTRES MENACES

La capture de jeunes lézards par des chats est avérée par plusieurs témoignages. Selon Mourgue (1930), ceux-ci seraient la cause de la disparition du lézard ocellé sur l'île de Ratonneau dans la rade de Marseille. Sur l'île de Porquerolles, les importants lâchers de faisans réalisés dans les années 1970 ont pu contribuer à la disparition du lézard ocellé. Dans la Sierra Morena en Espagne, de fortes chutes de densités pourraient être imputées à l'augmentation d'un prédateur diurne : la mangouste ichneumon *Herpestes ichneumon*.

Marc Cheylan

La disparition du lézard ocellé sur l'île de Porquerolles remonte aux années 2000. Les causes en sont actuellement inconnues mais pourraient résulter de plusieurs facteurs : densification de la forêt, mise en vignes des parcelles agricoles, prolifération du faisan à partir des années 1980. La présence du Parc National n'a malheureusement pas permis de conserver cette espèce.

Toujours en péninsule Ibérique, des groupes de pression considéraient le lézard ocellé comme un dévoreur d'œufs de perdrix. L'éradication était de ce fait permise par l'administration espagnole jusque dans les années 1970. Bien que ces méthodes

Mieux comprendre et évaluer l'impact des lâchers de faisans sur les populations de reptiles

Les importants lâchers de faisans effectués sur l'île de Porquerolles dans les années 1970 pourraient avoir entraîné la disparition du lézard ocellé, ou du moins participé à sa disparition... L'hypothèse d'un impact fort de ces gallinacés sur les populations de reptiles vaut également pour une autre île méditerranéenne : l'île Saint Honorat dans les Alpes-Maritimes qui a fait l'objet d'un inventaire herpétologique ces dernières années. Le lézard ocellé est absent de cette île mais d'autres espèces de reptiles ont été notées dont le lézard vert. L'auteur de l'étude (Vincent Rivière) souligne les très faibles densités observées chez cette espèce ainsi que sa répartition très localisée, a priori beaucoup plus restreinte qu'auparavant d'après des témoignages locaux. Il soupçonne un impact important dû aux lâchers de faisans sur cette île. Vincent Rivière, dans son rapport, souligne « *les mentions bibliographiques d'une telle prédation sont rares : dans un rapport publié sur l'érosion de la biodiversité en Wallonie, l'auteur suspecte également la prédation des fortes populations de Faisans (parmi d'autres espèces) sur les reptiles (Jacob, 2006). Georges-Henri Parent considère même que les Faisans sont à l'origine de la régression des Vipères dans la vallée de la Meuse, et « de tous les serpents, y compris l'orvet » (Parent, 1983).* Il cite de plus « *Phisalix, en 1940, qui considérait qu'ils seraient à l'origine de la disparition des Vipères dans la forêt de Rambouillet. Très peu d'auteurs mentionnent cet impact, et les rares citations relèvent plus du « dire d'expert » que de résultats scientifiques* ». Edgar et Bird (2006) précisent que les introductions de faisans sont probablement l'un des facteurs de régression du lézard agile au Royaume-Uni ainsi qu'aux Pays-Bas. Il serait donc urgent d'éclaircir cette question qui vaut pour le lézard ocellé mais aussi l'ensemble des espèces de reptiles en milieu insulaire comme en milieu continental.

Références : Edgar & Bird (2006), Rivière (2013).

aient cessé d'être institutionnelles, elles persistent sous d'autres formes telles que le tir ou l'emploi de poison en Andalousie, Extrémadure ou dans la région de Madrid. En avril 1970, dans une propriété près de Cáceres en Espagne, plusieurs milliers de lézards ocellés ont été tués lors d'une campagne. Il est possible que le lézard ocellé consomme de façon occasionnelle des œufs d'oiseaux mais ce comportement est de toute évidence rarissime comme le prouvent les études sur le régime alimentaire. En tous cas, cette consommation anecdotique ne justifie pas les campagnes visant à éradiquer le lézard ocellé.

Au Portugal, certains apiculteurs considèrent le lézard ocellé comme un ennemi pour les abeilles et n'hésitent pas à le détruire. L'un d'entre eux précisait « être dans l'obligation » de tuer un lézard ocellé à chaque printemps afin de pendre le corps devant les ruches et protéger ainsi le rucher.

Le tourisme et la surfréquentation dans certains milieux sensibles sont également des sources de dérangements : aménagements sur des sites occupés par le lézard ocellé (parking, route ...), pratiques sportives inadaptées (motocross). Comme évoqué précédemment (page 118) la fréquentation importante de sites peut également modifier le comportement du lézard ocellé, notamment sa distance de fuite.

Florian Doré

La fréquentation du littoral oléronnais est très importante, et ce dès les premiers beaux jours.

LE RÉCHAUFFEMENT CLIMATIQUE

Les études menées sur les extinctions d'espèces ont montré que sur plusieurs continents, des populations de lézards se sont éteintes à cause du réchauffement observé ces dernières années. Les changements climatiques sont en effet directement ressentis par les squamates, car la chaleur et la disponibilité en eau sont des déterminants directs de leurs performances. De fait, si certains modèles prédisent un effet positif du réchauffement sur les lézards, d'autres prévoient au contraire un risque de stress thermique pour les espèces du bassin méditerranéen.

Selon Araujo et collaborateurs, de nombreux reptiles européens (44 à 65 %) devraient étendre leur aire vers des zones aujourd'hui plus froides si leurs capacités de dispersion ne constituaient pas une contrainte majeure. Pour Sinervo et collaborateurs, la plupart des espèces (97 à 100 %) devraient au contraire voir leur aire de distribution diminuer du fait des contraintes liées aux capacités de déplacement. Le réchauffement climatique devrait également avoir pour conséquence d'augmenter la durée annuelle d'activité des espèces ce qui semble déjà être le cas chez la couleuvre de Montpellier *Malpolon monspessulanus*.

Dans le cas du lézard ocellé, le constat va plutôt dans le sens d'un retrait en direction du sud plutôt que d'une expansion vers le nord. Ceci vaut également pour un certain nombre d'espèces ibéro-occitanes comme le seps strié *Chalcides striatus* ou le pélobate cultripède *Pelobates cultripes*. Pour ces espèces, l'effet observé est donc opposé à l'effet prédit. Cela tient sans doute à ce qu'il s'agit d'espèces inféodées aux milieux ouverts, fortement affectées par la déprise rurale et la reforestation qui l'accompagne. On peut donc penser que les changements d'utilisation des terres prédominent sur le changement climatique en tant que facteurs responsables de la dynamique spatiale des espèces. Dans une certaine mesure, ce constat vaut également pour la tortue d'Hermann *Testudo hermanni* et la vipère d'Orsini *Vipera ursinii*, deux espèces également affectées par la progression du couvert forestier. Le changement climatique prédit par les experts du Groupe International d'Experts sur le Climat (GIEC) pourrait s'accompagner d'une augmentation de la fréquence et de l'intensité des aléas climatiques dans l'Atlantique nord, ce qui pourrait accentuer l'érosion littorale et affecter les populations de lézards ocellés de la côte atlantique, étroitement inféodés à la bande côtière (voir l'encadré ci après).

À l'inverse, l'augmentation des températures en région méditerranéenne pourrait accroître l'importance des incendies de forêts, ce qui est plutôt bénéfique au lézard ocellé comme le démontre une étude récente (voir encadré p. 79). Le changement climatique est donc un phénomène complexe dont il est difficile de mesurer les effets sur une espèce en particulier.

Florian Doré

L'érosion du littoral et le recul du trait de côte se réalisent au détriment des surfaces dunaires.

L'érosion côtière : une menace pour les populations littorales de lézards ocellés

L'érosion côtière est un phénomène significatif à l'échelle mondiale. L'IFEN (Institut français de l'environnement, aujourd'hui dissous) estime en 2006 qu'un quart des côtes en France métropolitaine subit l'érosion et recule, soit 1720 km de côte. Ce phénomène est particulièrement marqué sur la côte atlantique, notamment en Poitou-Charentes et en Aquitaine et dans une moindre mesure aussi pour la méditerranée principalement de la frontière espagnole au delta du Rhône. Accentué par les effets de certaines activités humaines et par le réchauffement climatique, ce phénomène dépasse largement nos capacités d'intervention, l'action marine n'étant pas « maîtrisable » à long terme. Sur l'île d'Oléron, le recul du trait de côte (jusqu'à 20 m certains hivers, 5 m de recul par an en moyenne) entraîne la perte directe d'habitats favorables au lézard ocellé chaque année. Plus généralement, il est possible d'estimer que toutes les populations littorales de lézard ocellé sont menacées à moyen terme par ce phénomène. Ce recul est particulièrement marqué en hiver, au moment où les lézards sont dans leurs abris en hibernation, et donc incapables d'échapper à la submersion.

Florian Doré

Pierre Grillet

Vue de la dune d'Oléron en 2007 et en 2013. La dune semi mobile et la dune grise, visibles sur la photo du haut, ne sont plus qu'un souvenir en 2013.

Pierre Grillet

Pierre Grillet

Les modifications peuvent être brutales : en 2013, il y avait encore des garennes occupées par les lapins et les lézards ocellés au pied des saules des sables. En janvier 2014, l'Océan a envahi ce secteur lors des grandes marées… le cyprés isolé fournit un point de repère.

Un même phénomène peut entraîner des effets négatifs comme positifs

L'ouragan Martin de 1999 a eu un impact négatif sur les habitats littoraux de la côte atlantique en accélérant le processus d'érosion. Mais il a eu également un effet positif grâce à la création de clairières dans les bois situés en arrière du système dunaire. Ainsi, de nouveaux habitats plus ouverts et donc plus accueillants pour les lézards ocellés sont apparus naturellement, tout particulièrement sur l'île d'Oléron. Ces clairières ont été maintenues ouvertes par l'ONF afin de permettre une éventuelle colonisation par le lézard ocellé et ainsi compenser, au moins partiellement et temporairement, les pertes de dunes en bord de mer… En 2007, nous avons pu constater que la colonisation de ces clairières par le lézard ocellé était effective ! Elles constituent depuis des habitats attractifs pour l'espèce.

Références : Doré *et al.* (2007, 2009b), Grillet *et al.* (2008).

Pierre Grillet

Pierre Grillet

Avant 1999, ces secteurs étaient totalement boisés. Ils sont devenus favorables au lézard ocellé après le passage de l'ouragan Martin.

Références

La déprise rurale : perte d'habitats favorables : Amo *et al.* (2007), Cinotti (1996), Dupin (2008), Grillet *et al.* (2006) – **La crise du logement : le déclin du lapin de garenne :** Cabezas-Díaz *et al.* (non daté), Cabral *et al.* (2005), Cheylan & Olivier (2013), Delibes-Mateos *et al.* (2008), Doré *et al.* (2009a, 2011a), Galvez Bravo *et al.* (2009), Grillet *et al.* (2012), Moreno *et al.* (2007), Munoz *et al.* (2004), Román *et al.* (1999), Smith & Boyer (2008), Villafuerte & Delibes-Mateos (2007), Virgos *et al.* (2007), Ward (2005) – **Urbanisation :** SCV (2002) – **Usage de produits vétérinaires :** Fadda (2007), Lumaret *et al.* (2012) – **Capture intentionnelle :** Mateo (2011), Riva & Mateo (1992) – **Autres menaces :** Mourgue (1930), Salvador (1974) – **Le réchauffement climatique :** Angilletta (2001), Araujo *et al.* (2006), Deutsch *et al.* (2008), Grillet *et al.* (2006), Huey (1982), Kearney *et al.* (2009), Le Galliard *et al.* (2010), Moreno-Rueda *et al.* (2009), Sinervo *et al.* (2010).

Implications pour la conservation

Ce qui précède apporte un certain nombre de réponses aux questions suivantes :
– Le réchauffement climatique peut-il être bénéfique au lézard ocellé ?
– La perte et la fragmentation des habitats constituent-elles une menace réelle pour certaines populations ?
– Quelle importance doit-on assigner aux relations interspécifiques dans les programmes de conservation ?

La compréhension des évolutions futures, sous l'effet du réchauffement climatique, apparaît d'une extrême complexité. Elle nécessite de prendre en compte, outre les changements climatiques, la dynamique des habitats et les capacités de colonisation propres à chaque groupe taxinomique. Dans ce contexte, les études empiriques basées sur des suivis à long terme gardent tout leur sens, spécialement lorsqu'elles sont conduites aux marges de la distribution des espèces, là où les facteurs limitants s'expriment avec le plus de force. C'est en effet aux marges de la distribution que les populations sont les plus fragiles et les plus sujettes à des extinctions locales, mais aussi les plus aptes à mettre en évidence des évolutions graduelles. Pour les raisons évoquées précédemment (espèce tributaire de milieux spécifiques en nette régression et faibles capacités de dispersion), le réchauffement du climat n'aura très vraisemblablement pas d'effet positif sur l'espèce ; les changements d'usages du sol (changements de nature régionale) dépassant de loin les changements de nature planétaire.

Cette situation concerne de fait un grand nombre d'espèces, toutes plus ou moins liées aux pelouses sèches méditerranéennes ou sub-méditerranéennes. En ce sens, le lézard ocellé pourrait faire figure d'espèce « indicatrice », ou encore d'espèce « parapluie », selon le concept développé par Paine (1969). Il pourrait également faire office d'espèce « porte drapeau » notamment pour d'autres espèces fréquentant les mêmes habitats mais ne bénéficiant pas d'une image positive auprès du public. Ces concepts doivent toutefois être utilisés avec prudence, à la fois parce que leur fiabilité reste discutable et parce que cette approche ne doit pas suffire à définir un espace protégé.

Pierre Grillet

Le site de Montmaur dans la Drôme se situe en limite de répartition du lézard ocellé. Une observation récente confirme la présence de l'espèce sur ce site.

Les relations interspécifiques sont rarement prises en compte dans les actions de conservation. Pourtant, elles peuvent être des éléments clés lors de la mise en place d'actions de conservation visant telle ou telle espèce emblématique. Ainsi, en Amérique du Nord, le chien de prairie a été inscrit au plan d'action environnemental pour son rôle en tant qu'espèce clé, notamment par ses terriers et les gîtes qu'il apporte à bon nombre d'autres espèces, comme « aménageur » de l'écosystème et, enfin, comme espèce proie. Au Canada, le gaufre gris fournit également, grâce à ses terriers, de nombreux abris pour plusieurs espèces de serpents. En Nouvelle-Zélande, il a été démontré que le sphénodon *Sphenodon punctatus* est très largement dépendant des terriers creusés par les pétrels *Pachyptila turtur*.

En Europe, le lapin de garenne joue, à l'instar du chien de prairie, un rôle particulièrement important en tant que « fournisseur de gîtes » et « façonneur d'écosystèmes » (ecosystem engineer). Pour rendre compte de cela, Galvez-Bravo *et al.* (2009) ont

Florian Doré

Mâle adulte en thermorégulation à l'entrée d'un terrier de lapin, Oléron.

Florian Doré

Le psammodrome algire utilise lui aussi les terriers de lapin.

interrogé une vingtaine d'experts afin de recueillir des témoignages sur l'utilisation des terriers de lapin par d'autres espèces. Si on sait que les terriers peuvent être utilisés par différents groupes animaux comme les oiseaux tels le tadorne de Belon *Tadorna tadorna*, le traquet motteux *Oenanthe oenanthe*, les mammifères, comme le renard *Vulpes vulpes*, voire dans certaines conditions, des chauves-souris, les experts interrogés ont précisé que les reptiles et les amphibiens sont les animaux les plus fréquemment rencontrés dans les garennes. Ainsi, 68 % des experts interrogés en Espagne ont déclaré avoir observé des lézards dans les terriers de lapin : le psammodrome algire *Psammodromus algirus*, l'acanthodactyle *Acanthodactylus erythrurus* et le lézard ocellé *Timon lepidus*. Galvez-Bravo et collaborateurs précisent d'ailleurs que « dans les milieux pourvus en terriers de lapin, il y a une corrélation positive et significative entre l'abondance des lézards et le nombre de terriers ». Une telle relation a été démontrée sur Oléron entre le lézard ocellé et le nombre de terriers de lapin (voir p. 87).

L'importance des relations lézard-lapin mérite toute notre attention. Cette question est en effet centrale dans le cas qui nous occupe. Elle peut, au moins pour certaines populations, présenter des enjeux aussi forts que le maintien de l'habitat. La relation entre le lapin de garenne et le lézard ocellé est, à ce sujet, particulièrement démonstrative : ces deux espèces d'origine ibérique ont naturellement colonisé la zone méditerranéenne française et recherchent toutes les deux des milieux secs, bien exposés et ouverts.

Le lien étroit observé entre les deux espèces pose le problème du devenir des populations de lézard ocellé face à la régression généralisée du lapin en Europe.

La protection du lapin de garenne devrait aujourd'hui être considérée comme prioritaire au niveau national, comme c'est déjà le cas en Espagne et au Portugal.

Florian Doré

Le paradoxe du lapin : à la fois de plus en plus reconnu comme un enjeu majeur pour la biodiversité, et considéré comme nuisible dans de nombreux endroits !

Les relations interspécifiques : un axe de recherche original en biologie de la conservation

La plupart des relations interspécifiques mises en avant dans la littérature scientifique sont de type prédateurs-proies. C'est le cas par exemple du lynx pardelle vis-à-vis du lapin pour lequel il a été montré que la réduction de ce dernier induit une modification du comportement territorial et un déclin des populations de lynx. Les relations de type commensalisme où l'une des deux espèces profite de la présence de l'autre (en principe pour des raisons alimentaires) sans apporter de nuisances à l'espèce « hôte » sont peu nombreuses ou du moins peu documentées. On peut citer le cas du héron garde-bœufs qui profite de la présence d'ongulés pour se nourrir. D'autres types de relations alimentaires indirectes peuvent être avancées, tels que l'apport important de substances nutritives par les oiseaux marins sur certaines îles de Nouvelle-Zélande, qui se révèle très favorable pour nombre d'autres animaux parmi lesquels les reptiles. Les densités de reptiles sont ainsi bien plus élevées sur les îles fréquentées par les oiseaux marins que sur les autres. Également, sur l'Archipel de la Galite en Tunisie, Delaugerre (2008) indique qu'à l'automne, les seps ocellés *Chalcides ocellatus* s'alimentent sur des proies apportées aux poussins par les faucons d'Eléonore *Falco eleonorae*. Une observation comparable a été faite sur le Lacertidé *Podarcis tiliguerta* de l'îlot sarde du Toro (sud-ouest de la Sardaigne).

Un autre type de relation consiste pour une espèce à utiliser un gîte créé par une autre espèce. C'est le cas de la chouette de Tengmalm qui profite des loges du pic noir pour y nicher, mais aussi de la chevêchette d'Europe qui utilise les cavités creusées par le pic épeiche dans les épicéas. Au Canada, l'abondance de la chevêche des terriers pourrait être liée à l'abondance des terriers de chiens de prairie dans les grandes plaines canadiennes. Ainsi, dans le parc national du Canada des Prairies, chaque colonie de chiens de prairie est associée à au moins un couple de chevêches des terriers. Ces rongeurs semblent jouer un rôle clé dans l'écosystème « prairies » non seulement en tant qu'« aménageurs de milieux » et espèce proie, mais aussi en raison de leurs terriers utilisés par de nombreuses autres espèces de vertébrés dont plusieurs reptiles comme le crotale des prairies *Crotalus viridis* ou encore l'Iguane à petites cornes *Phrynosoma hernandesi*. Des cas de cohabitation à l'intérieur de gîtes sont également connus pour le lézard des souches qui fréquente, dans le sud des Alpes, les terriers de marmottes de même que le lézard des murailles et le lézard vivipare sur les Hauts Plateaux du Vercors. Ce type de relation, d'apparence anodine, pourrait bien expliquer, pour partie, le déclin actuel du lézard ocellé.

Références : Bessa-Gomez *et al.* (2002), COSEPAC (2004), Delaugerre (2008), Markwell & Daugherty (2002).

Références

COSEPAC (2004), Delibes-Mateos *et al.* (2008), Doré *et al.* (2011a), Galvez-Bravo *et al.* (2009), Newman (1987), Paine (1969), Ward (2005).

Statut et réglementation

Malgré sa rareté en France et en Italie ainsi qu'une situation préoccupante en péninsule Ibérique, le lézard ocellé bénéficie de mesures de protection réduites.

Florian Doré

Cette femelle thermorégule à l'entrée d'un trou de rongeur.

Au niveau européen, il est inscrit à l'Annexe II de la Convention de Berne (1979), relative à la conservation de la vie sauvage et du milieu naturel en Europe. Cette annexe contient 400 espèces de vertébrés totalement protégées, dont 34 reptiles. L'article 4 de la convention demande aux parties contractantes de prendre les mesures législatives et réglementaires appropriées pour protéger les habitats de la faune sauvage et sa recommandation 26-14 préconise la mise en réserve naturelle de la plaine de la Crau « *où se trouve la population française la plus fournie de* Lacerta lepida ». Cette réserve fut créée en 2001. En revanche, le lézard ocellé ne figure pas sur les annexes II et IV de la Directive Habitats, bien que cette directive émane directement de la convention de Berne. Compte-tenu de cela, le lézard ocellé n'est pas pris en compte par le dispositif Natura 2000 ni par les financements Life qui peuvent y être appliqués, alors que d'autres reptiles comme le lézard des murailles et le lézard vert sont inscrits à l'Annexe IV.

Arnaud Vaudelet

Parmi leurs missions, les agents de l'Office national de la chasse et de la faune sauvage (ONCFS) sont chargés de veiller au respect de la réglementation sur le terrain.

Au Portugal, le lézard ocellé est considéré comme non menacé et n'est pas protégé par la loi (décret 140-99).

En France, l'espèce est protégée sur l'ensemble du territoire. Pour Mateo & Cheylan les populations d'Italie, du littoral atlantique français, des causses du Quercy, du Périgord et du Rouergue peuvent être considérées comme en danger. Cette menace et l'ensemble des travaux réalisés ces dernières années ont motivé l'inscription du lézard ocellé au Plan national d'actions Reptiles-Amphibiens du ministère chargé de l'Environnement (1996) qui prévoit d'une part de définir le statut de l'espèce en France métropolitaine et d'autre part de répondre à la recommandation de la Convention de Berne.

En Italie, il n'y a pas eu encore de projets spécifiques ni d'études sur la dynamique des populations et leur densité (Sebastiano Salvidio, com. pers.). La plupart des zones de présence sont toutefois incluses dans les Sites d'Intérêt Communautaire en application de la Directive Européenne 92/43/CEE Habitats Faune Flore. Mais, comme en France, le lézard ocellé ne fait pas partie des espèces à prendre en compte dans les objectifs prioritaires de conservation dans le réseau Natura 2000. Il fait toutefois l'objet d'une protection particulière dans la loi régionale de la Ligurie (loi 4-92, article 11).

Ces dernières années, les Listes Rouges de l'Union Internationale pour la Conservation de la Nature (UICN) ont permis de réévaluer le statut du lézard ocellé à plusieurs échelles.

En Espagne, le livre rouge des amphibiens et reptiles paru en 2002 classe en « préoccupation mineure » la sous-espèce nominale du lézard ocellé : *Timon lepidus lepidus*. En revanche, la sous-espèce *ibericus* et le lézard ocellé de la Sierra Nevada *Timon nevadensis* sont classés « quasi menacé ». Galán (2003) propose que le statut d'espèce « vulnérable » soit retenu pour l'ensemble des populations de lézard ocellé du parc national des îles de Galice en raison d'une fragmentation sévère des populations, de la petite taille estimée (moins de 10 000 individus) et du déclin continu pour chacune d'entre elles accompagné par une réduction importante des surfaces occupées.

En 2006, il a été classé dans la catégorie « quasi menacé » (NT) de la liste rouge des reptiles du bassin méditerranéen. En 2008, il a été classé « vulnérable » (VU) dans la liste rouge nationale française, réalisée en partenariat avec la Société herpétologique de France. Enfin, en 2009, il a été inscrit dans la catégorie « quasi menacé » dans la liste rouge européenne des reptiles.

Liste Rouge nationale des Reptiles et Amphibiens de France métropolitaine.

Références

Cox *et al.* (2006), Cox & Temple (2009), Galán (2003), Mateo & Cheylan (1997), UICN France *et al.* (2009a).

La sauvegarde du lézard ocellé passe aussi par une amélioration de nos connaissances, notamment la mise en place de suivis à long terme des populations.

Joseph Celse

Études et suivis consacrés au lézard ocellé

PRINCIPAUX SITES D'ÉTUDE

Les études les plus importantes et les plus anciennes réalisées autour du lézard ocellé ont été menées en péninsule Ibérique, notamment par José A. Mateo, Luis A. Vicente, Octavio F. Paulo, Aurora Castilla et Alfredo Salvador. En Italie, l'intérêt porté à l'espèce est plus récent et concerne quelques aspects de la biologie et de l'écologie de l'espèce : régime alimentaire, distribution spatiale essentiellement.

En France, la plupart des études ont porté sur la répartition de l'espèce et la nature des habitats fréquentés. Quelques populations ont cependant fait l'objet d'études plus approfondies, visant à mieux connaître leur écologie et leur dynamique démographique. Dans quelques cas, des actions de conservation et de suivi ont également été mises en place.

LA CRAU, PREMIER TERRAIN D'ÉTUDE

La population de la plaine de la Crau, l'un des bastions de l'espèce en région méditerranéenne française, a fait l'objet d'études soutenues en 1992 et 1993, principalement dédiées à la compréhension de la dynamique démographique de l'espèce : croissance, structure démographique, utilisation de l'espace, cycle annuel d'activité…

Ces études, menées par l'École Pratique des Hautes Études (Montpellier) ont été poursuivies à partir de 2009, par le Conservatoire d'espaces naturels de Provence-Alpes-Côte d'Azur, ce qui a permis d'améliorer nos connaissances sur le régime alimentaire, la mobilité des animaux et divers aspects de la biologie.

D'AUTRES ÉTUDES DANS LA ZONE MÉDITERRANÉENNE

Les collines de l'arrière pays marseillais font l'objet d'une étude de la part de l'association Collineo. Elle porte à la fois sur la mise en place d'un suivi de population, mais aussi sur un suivi d'individus équipés d'émetteurs.

En Camargue, un suivi démographique est en cours sur la réserve naturelle régionale de la Tour du Valat. Ce suivi est réalisé à partir de pose de plaques, de recherche d'indices de présence et de pièges photographiques.

Des suivis ont été récemment mis en place dans les Alpes-Maritimes, les Bouches-du-Rhône et le Var par l'Office National des Forêts et des bureaux d'études comme ECOMED.

En Languedoc-Roussillon, les recherches engagées depuis deux années sont pour l'essentiel des travaux d'inventaires. Outre l'amélioration des connaissances, ils permettent une meilleure prise en compte de l'espèce dans les plans de gestion des espaces naturels.

LES POPULATIONS ATLANTIQUES

L'île d'Oléron

Paradoxalement, c'est la population la plus nordique qui a été et est encore la plus étudiée en France. Les études y ont commençé dès 1996 sous l'impulsion de Pierre Grillet avec l'aide de l'Ecole Pratique des Hautes Etudes en collaboration étroite avec l'ONF et la participation de diverses associations : Nature Environnement 17, OBIOS, le Marais aux Oiseaux… Le déroulement des différentes actions

Pierre Grillet

Présentation des études menées sur Oléron lors d'une formation pour l'ATEN.

Cette femelle adulte, tout en observant son environnement, profite d'un bain de soleil dans la vallée du Lot en Aveyron.

menées autour de cette espèce dans son milieu peuvent se résumer en trois phases : la première (de 1996 à 2002) a permis de faire connaissance avec la population : son habitat actuel, ses particularismes, sa répartition, son historique ainsi que l'identification des menaces les plus visibles ; la deuxième (entre 2001 et 2006) a permis la mise en place d'actions et de mesures visant à favoriser l'espèce et la troisième phase (à partir de 2007) a vu la mise en place d'une méthodologie de suivi dont l'objectif est d'évaluer l'évolution du statut du lézard ocellé sur le long terme et de vérifier l'efficacité des mesures conservatoires engagées.

Les populations atlantiques littorales de la Gironde au Pays basque

Un premier état des lieux des populations littorales a été mené en 2008 par l'association Cistude Nature. Cet inventaire a été le point de départ d'une série d'études et d'actions de conservation menées entre l'association et le gestionnaire des milieux dunaires (ONF) et a permis la réalisation d'un programme pluriannuel de conservation du lézard ocellé (2008-2012) en Aquitaine. Établi autour de plusieurs axes, ce programme vise à étudier l'aire de répartition de l'espèce dans la région, mettre en place des suivis de populations et des mesures de conservation.

En 2010, des suivis par télémétrie ont été réalisés en vue d'étudier les déplacements, les habitats utilisés et les domaines vitaux.

LES POPULATIONS SITUÉES ENTRE LA ZONE MÉDITERRANÉENNE ET LE LITTORAL ATLANTIQUE

Plusieurs associations ont mené et conduisent encore des actions d'inventaires dans ces régions. C'est le cas pour Nature Midi Pyrénées qui, en 2000 et 2001, a conduit un important travail sur la répartition et la nature des habitats dans le département du Lot. Actuellement, cette association développe des actions visant à affiner les connaissances au niveau de l'ensemble de la région. Il en est de même pour des associations comme Cistude Nature pour l'ensemble des départements d'Aquitaine ainsi que pour le Groupe Mammalogique et Herpétologique du Limousin. En Dordogne et Lot-et-Garonne, des recherches de populations sur les habitats favorables ont été effectuées entre 2008 et 2010 dans le cadre du programme pluriannuel de conservation en Aquitaine. Les habitats ont été caractérisés afin de mettre en avant les facteurs favorables à la présence du lézard ocellé.

LA RÉGION RHÔNE-ALPES

Les études menées par la LPO Drôme, la LPO Ardèche, la LPO Isère, le bureau d'études ECOMED et des conservatoires comme Avenir et d'autres, visent à affiner nos connaissances sur la répartition de l'espèce en limite de distribution.

Références : Les populations atlantiques : Berroneau (2012), Thirion & Doré (2012).

LES INVENTAIRES ET LEURS INTERPRÉTATIONS

Une difficulté majeure lors de la recherche d'une espèce sur un site réside dans les conclusions tirées de ces prospections. En effet, si la présence de l'espèce ne peut faire de doute lorsque celle-ci a été observée, la conclusion inverse s'avère bien plus compliquée. Cette difficulté vaut pour les espèces discrètes et tout particulièrement pour le lézard ocellé. Pour résoudre cette difficulté, plusieurs visites sur un même site sont nécessaires, ce qui permet d'introduire une notion de probabilité d'absence. Voir encadré ci-contre.

LA NÉCESSITÉ DES SUIVIS DE POPULATION

Bien que le déclin du lézard ocellé ne fasse aujourd'hui plus de doutes, rares sont les études qui permettent d'en mesurer l'ampleur. Pour cela, il convient de mettre en place des suivis à long

Exemple d'une interprétation trop rapide suite à un inventaire...

Dans le dossier « réglementaire environnement » pour l'un des plus gros projets d'aménagement dans l'ouest de la France (LGV), les observateurs devaient vérifier la présence du lézard ocellé sur un coteau calcaire où il avait été mentionné il y a 10 ans. Dans le rapport d'étude, il est indiqué qu'un « *protocole spécifique* » a été mis en place pour la recherche de cette espèce. Le descriptif du protocole précise que « *deux passages ont été effectués au mois d'avril 2009, lors des journées ensoleillées, juste à la sortie de la période d'hibernation, cette période étant particulièrement propice à son observation* ». Il mentionne également « *une étude proche de l'exhaustivité* ».

Bien entendu, aucune observation de l'espèce n'a pu être réalisée, ce qui n'est pas étonnant compte-tenu de l'effort de prospection mis en œuvre. Les auteurs de l'étude concluent que l'espèce n'est plus présente sur ce site... Elle n'a donc pas été considérée dans les différentes mesures réglementaires alors que rien ne permet de dire qu'elle a disparu...

Découverte du lézard ocellé sur le terrain militaire de Bussac-Forêt dans le sud de la Charente-Maritime, illustrant ce propos

Des botanistes de la Société botanique du Centre Ouest (SBCO) avaient signalé la présence de lézards particulièrement grands et qui pourraient être du lézard ocellé. Avec Jean-Marc Thirion, nous avons profité d'une enquête de répartition que nous menions en Poitou-Charentes pour aller voir ce site. Nos premiers contacts avec le gardien du camp militaire, monsieur Gautier, nous ont confirmé ce soupçon : il en observait, il y a quelques années, à proximité de son habitation de fonction à l'entrée du camp et il nous a même montré une photo d'un lézard ocellé adulte prise à côté de sa maison, tout en précisant qu'il n'avait pas eu l'occasion d'en revoir ces dernières années. En 1998, ayant obtenu les autorisations nécessaires, nous sommes donc allés prospecter l'ensemble du terrain militaire (800 ha environ, dont 300 ha de surfaces favorables) avec Jean-Marc Thirion et Philippe Jourde. Arrivés vers 9 h du matin, nous avons passé la journée à la recherche du lézard ocellé. Même si le temps n'était pas très favorable, les éclaircies assez fréquentes nous permettaient d'espérer l'observation de quelques Lézards. Mais ce n'est qu'au bout de 6 heures de prospections intensives, alors que nous allions arrêter, que Jean-Marc réussit à observer enfin un lézard ocellé sorti au milieu d'une lande clairsemée de Bruyères à balais... Ce fut notre unique observation de lézard ocellé de la journée ! Depuis, nous avons mis en évidence la présence d'une véritable population. Ce jour-là, il aurait été facile de passer à côté de sa découverte et d'en déduire sa disparition sur le site !

terme, afin d'observer l'évolution des populations au fil du temps. Ces suivis devant s'inscrire dans la durée, il est important qu'ils soient souples, peu coûteux en temps humain et financier et robustes sur le plan scientifique. Également, ils doivent permettre d'évaluer les actions de conservation mises en place ne serait-ce que pour justifier les moyens alloués.

Les méthodes de suivi et d'analyse développées ces dernières années sont un véritable atout pour suivre l'évolution des populations. On peut ainsi savoir si une population diminue, augmente ou reste stable et si la répartition spatiale des individus est stable ou fluctuante. On peut aussi identifier les paramètres environnementaux ayant une influence sur l'espèce, et donc s'en servir pour orienter les mesures de gestion. Le gestionnaire y trouvera également des réponses à l'efficacité des modes de gestion mis en place. Les nouvelles méthodes permettent de prendre en compte un point important chez les reptiles : la probabilité de détection. Les techniques actuelles permettent d'attribuer à une absence une valeur de probabilité.

Méthodes préconisées pour un suivi à long terme

En écologie animale, il existe de multiples techniques permettant d'évaluer une population et d'en suivre les évolutions au cours du temps. Les plus anciennes sont basées sur des techniques de type indiciaire : point d'écoute pour les oiseaux, indice kilométrique d'abondance pour des mammifères, nombre d'individus dans un piège pour les insectes.... Bien que ces méthodes soient encore utilisées, elles ne répondent plus aux exigences de la statistique actuelle. On leur préfère aujourd'hui des méthodes plus « robustes », c'est-à-dire permettant de valider ou d'invalider des hypothèses.

Parmi ces méthodes, il convient de citer le « distance sampling » et les méthodes dites d' « occupancy ». Le « distance sampling » consiste à parcourir un itinéraire (ou une succession de points fixes) et à noter les animaux vus durant une certaine période de temps, en ayant soin de noter la distance perpendiculaire séparant l'animal de l'observateur. La notation des distances animal-observateur permet alors de calculer une fonction de probabilité, liée à la distance (plus l'animal est loin, moins les chances de le voir sont grandes). Cette fonction permet ensuite d'en déduire un effectif, tenant compte de la probabilité de détection individuelle (ou en d'autres termes, combien d'animaux ont été manqués lors de la session d'observation). Cette technique est robuste sur le plan statistique, mais elle nécessite le respect ou la connaissance de nombreux paramètres, souvent difficiles à obtenir : la probabilité d'observer l'animal doit être de 100 % sur le passage de l'observateur, l'animal ne doit pas se déplacer en réponse au passage de l'observateur, le nombre d'individus observés par sites doit être important (au moins supérieur à 50)... Dans la pratique, cette méthode n'est applicable que dans un nombre de cas fort limités, sauf à mener des études complexes pour prendre en compte les biais (mettre des émetteurs sur les animaux pour connaître leur taux d'activité par exemple). Si cette méthode a été retenue dans la plaine de la Crau, elle semble difficilement généralisable à d'autres milieux en raison du caractère craintif de l'animal et des faibles effectifs observés lors d'un itinéraire, si long soit-il.

Les méthodes d' « occupancy », développées assez récemment, reposent sur un principe simple qui consiste à visiter plusieurs fois un ensemble de sites (placettes ou quadrats) en notant chaque fois le nombre d'individus vus (ou entendus). La répétition des passages permet d'estimer une probabilité de détection (liée pour partie au temps passé sur chacune des placettes) et d'en déduire une densité, assortie d'un intervalle de confiance. Cette méthode permet aussi d'estimer des probabilités d'extinction et de colonisation pour chacune des placettes et donc de mesurer au fil du temps les pertes et gains au sein d'une population. Elle permet aussi d'évaluer les causes à l'origine des changements observés : modification du paysage, impact d'un prédateur, perturbation humaine... à condition bien sûr d'avoir noté ces paramètres lors du suivi ! L'intérêt de ces méthodes dites d' « occupancy » tient à ce qu'elles sont assez faciles à mettre en œuvre et à ce qu'elles peuvent s'appliquer à de grands territoires (plusieurs centaines voire milliers d'hectares). Comme toute méthode, elles ont bien entendu

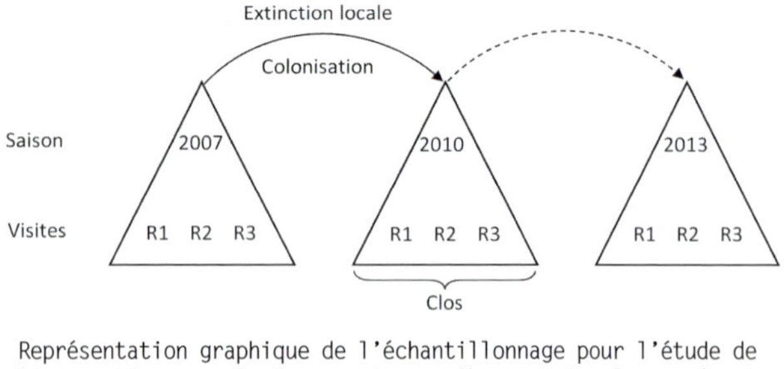

Représentation graphique de l'échantillonnage pour l'étude de l'occupation sur plusieurs saisons. Chaque triangle représente une saison avec trois visites par placette. Les placettes sont considérées fermées (pas de colonisation et d'extinction locale) au sein d'une saison mais ces changements peuvent se produire entre saisons.

leurs contraintes, notamment celle de demander beaucoup de répétitions spatiales (nombre de placettes) et temporelles (nombre de visites) si l'on veut en tirer tout l'enseignement nécessaire.

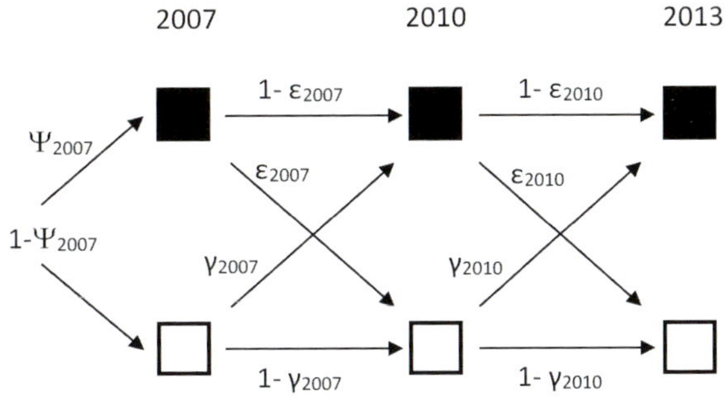

Représentation graphique des possibilités de changement de statut d'une placette entre saisons en termes d'occupation (Ψ), de colonisation (γ) et d'extinction locale (ε).
Les carrés noirs représentent une placette occupée (espèce présente) et les carrés blancs une placette non occupée (espèce absente).

Une troisième méthode consiste à estimer l'importance d'une population par capture-marquage des individus. Elle repose sur un principe de dilution dans lequel des individus sont capturés et marqués, puis remis en liberté lors d'opérations successives. Lors d'une campagne de capture, c'est le rapport entre individus marqués et individus non marqués qui permet d'estimer la population totale. Cette méthode est précise pour estimer l'effectif d'une population, mais très contraignante sur le plan pratique. Elle ne peut s'appliquer qu'à de petites populations, facilement accessibles à la capture. En outre, elle nécessite la manipulation des animaux ce qui implique des autorisations préalables. Elle n'est donc guère recommandable pour un suivi à long terme.

Références : Buckland *et al.* (2004), MacKenzie *et al.* (2002, 2006).

Pierre Grillet

Prise de mesures sur un lézard ocellé de l'île d'Oléron.

Dans le cas du lézard ocellé, des suivis à long terme ont été mis en place en 2007 sur l'île d'Oléron et en 2009 sur le site de Bussac-Forêt. Ils reposent sur la technique dite d' « occupancy ». Des suivis semblables ont également été mis en place en Aquitaine et plus récemment en Provence et en Languedoc. Préalablement à la mise en place du protocole, les éléments qui peuvent contraindre le déroulement du suivi ont été évalués : problème d'accès, impossibilité de matérialiser des placettes, prise en compte des activités se déroulant sur la zone d'étude… Ainsi, les contraintes d'accès sur les dunes d'Oléron s'avèrent totalement différentes de celles d'un terrain militaire où les exercices de tir sont nombreux et les accès très réglementés !

Pour les deux populations, un certain nombre de placettes ou quadrats répartis sur la zone d'étude ont été définis. 70 quadrats de 50 m de côté chacun (2500 m^2) sur les 150 ha de surface dunaire occupée par le lézard sur Oléron et 35 quadrats de 1 ha chacun sur les 250 ha de surface non boisée sur le terrain militaire de Bussac. Le positionnement des placettes a été réalisé en fonction des noyaux connus de population, au niveau de ces noyaux et entre ceux-ci. À l'intérieur de ces secteurs définis préalablement, et prenant en compte les connaissances acquises les années précédentes, les quadrats ont été placés de manière aléatoire. Chacun de ces quadrats est visité trois fois au cours d'un printemps. Les prospections sont standardisées, ce qui signifie que les temps d'observation et les conditions de réalisation sont maintenus constants. Ceci permet de définir un taux d'occupation des placettes l'année de l'étude. Avec la répétition du protocole à pas de temps réguliers (dans le cas d'Oléron et de Bussac tous les 3 ans), l'évolution de l'occupation pourra être déterminée, ce qui permettra de définir les tendances évolutives de ces deux populations. Les taux de colonisation et les taux d'extinction locale pourront également être obtenus et interprétés.

L'un des suivis (celui d'Oléron) prend en compte les données quantitatives de présence du lézard ocellé (c'est-à-dire le nombre d'observations). Cette méthode est plus lourde en temps mais donne une estimation chiffrée de la taille de la population et permet d'expliquer les différences de densités en fonction des variables d'habitats (chaque placette est parcourue pendant 1 h à chaque passage, même si un lézard est observé au bout de 5 minutes). L'autre suivi (celui de Bussac) repose sur des données qualitatives (présence ou absence du lézard ocellé sur une placette de suivi). Ce type de protocole est plus souple car il nécessite une pression de prospection moindre. Bien qu'il fournisse moins d'informations, il est en revanche plus généralisable à grande échelle.

Ces suivis constitueront dans le futur une véritable veille des populations dans le cadre d'un observatoire du patrimoine naturel. Ils permettent également de répondre aux critères dans le cadre d'évaluation du statut des espèces pour les listes rouges établies par l'Union Internationale pour la Conservation de la Nature.

7 années de suivis sur l'île d'Oléron (2007-2013)

Le suivi repose sur la prospection de 70 placettes de 2 500 m² (50 x 50 m) réparties sur l'ensemble de la population. Il consiste en 3 relevés de 1 heure répartis entre avril et juin. Ce protocole permet une modélisation de l'occupation du territoire et l'obtention d'une probabilité de détection en lien avec les variables environnementales propres aux différentes placettes.

L'échantillonnage est de type « stratifié ». Il concerne six secteurs : les quatre noyaux de populations identifiés en 2001 et 2002, les clairières ouvertes lors de la tempête Martin et le reste de la zone d'étude. Une répartition strictement aléatoire aurait amené un trop grand nombre de valeurs négatives ce qui constitue un handicap sur le plan statistique. Il n'était pas non plus légitime de raisonner sur la seule situation actuelle puisqu'un des objectifs d'un suivi est de mesurer ce qui se passera dans le futur. Au sein des six secteurs étudiés, l'échantillonnage est de type aléatoire : 10 placettes sur chacun des quatre noyaux de population, 10 placettes sur les clairières et 20 placettes sur le reste de la zone d'étude. Les placettes ont été matérialisées au sol par des piquets géo-référencés.

À chaque relevé, les vingt premières minutes sont consacrées à la recherche de contacts directs avec le lézard ocellé à l'aide de jumelles. L'observateur suit une trajectoire aléatoire au sein des 2500 m² de la placette. Les 40 minutes restantes sont dédiées à la recherche d'indices de présence (crottes et traces). Un aller-retour est effectué sur cinq transects parallèles de 10x50 mètres, soit 8 minutes par transect. Les indices sont quantifiés par relevé et par placette. Chaque relevé est effectué dans des conditions favorables pour l'observation du lézard ocellé.

À l'issue des trois premières campagnes (2007, 2010 et 2013), les résultats font apparaître peu de modifications. L'occupation des placettes est estimée à 0,76 en 2007, 0,83 en 2010 et à nouveau 0,83 en 2013. Les analyses indiquent l'importance de la présence des terriers de lapin et/ou de gîtes permanents pour le lézard ocellé. L'absence de gîtes explique en retour l'abandon de certaines placettes. En 2013, les placettes sur lesquelles on retrouve l'éphèdre *Ephedra distachya* abritent les plus fortes densités de lézard ocellé. Les estimations d'effectifs livrent des valeurs stables, même si les estimations de 2013 sont légèrement inférieures à celles de 2010. Ceci permet d'estimer la population d'Oléron aux alentours de 800 individus en 2013. La probabilité de détection de l'espèce est forte. Elle varie, au cours de la saison, de 60 à 98 % selon les relevés. Si on prend en compte chaque année suivie, la probabilité de détection sur les 3 relevés est très proche de 100 % (0,999).

Pierre Grillet

Matérialisation et géoréférencement des placettes de suivis sur Oléron.

Certains constats incitent toutefois à une vigilance accrue ces prochaines années :

- un secteur montre une quasi disparition du lézard ocellé en 2013 ;
- une placette a disparu suite au recul du trait de côte et une autre a perdu la plus grosse partie de sa surface ;
- 16 placettes sont aujourd'hui très proches de la plage et en partie ensablées. On peut craindre leur disparition à brève échéance ;
- la discontinuité de la dune grise ne cesse de s'aggraver, isolant ainsi un des plus importants noyaux de population. L'hypothèse d'une reconnexion à partir de la colonisation des clairières en arrière de la dune grise reste envisageable mais n'est pas démontrée ;
- la reprise de la population de lapin de garenne sur la dune grise est un élément positif. Le nombre de terriers relevés sur les placettes passe de 115 en 2007, à 262 en 2010 puis à 363 en 2013. Toutefois, cette reprise reste localisée sur certains secteurs de la dune. Il convient donc de vérifier d'une part, le caractère durable de cette reprise et, d'autre part, sa généralisation à l'ensemble de la zone concernée.

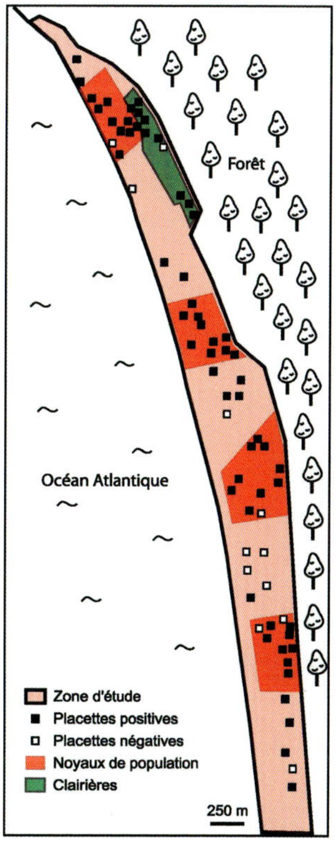

Occupation de la population de lézard ocellé sur l'île d'Oléron en 2013.

Les prochaines sessions du suivi (en 2016 et 2019) pourraient bien montrer une aggravation de la coupure de la dune grise et la quasi-disparition d'un noyau de population de lézard ocellé en raison du recul de la côte.

Le suivi mis en œuvre nécessite un investissement en temps important. Trois heures par placette soit 210 heures à répartir entre fin avril et début juin, ce qui correspond grossièrement à 40 journées sur le terrain par temps favorable. Lors de printemps pluvieux (comme ce fut le cas en 2013), la difficulté consiste à choisir les bonnes fenêtres de temps pour prospecter les placettes. Une réflexion est aujourd'hui engagée afin de vérifier si une diminution de la pression d'observation ne permettrait pas l'obtention de résultats équivalents sur le plan statistique.

Références

La nécessité des suivis de population : Berroneau (2012), Doré (2008), Doré *et al.* (2009a, 2010, 2011a, 2011b), Grillet *et al.* (2012), Legouez & Marchand (2013) – **7 années de suivis sur l'île d'Oléron (2007-2013)** : Grillet *et al.* (2013).

Actions en faveur de sa conservation

Les actions de conservation en faveur du lézard ocellé restent à ce jour limitées. La mise en place en France, courant 2012, par le ministère chargé de l'Écologie, d'un Plan national d'actions constitue une étape importante en direction de sa préservation. Ce plan a pour ambition de freiner le déclin de l'espèce en France en mobilisant des moyens, des structures et des personnes autour de sa protection. Il est coordonné par la DREAL Poitou-Charentes et animé par la Société herpétologique de France.

QUELQUES EXEMPLES CONCRETS DE CONSERVATION

RESTAURATION D'HABITATS

Peut-on restaurer des habitats en vue de retrouver des conditions d'accueil satisfaisantes pour le lézard ocellé ? Sans doute, mais cela nécessite un fort investissement humain et financier et implique la présence de structures déjà en place localement comme une réserve naturelle, un parc naturel régional ou encore un conservatoire régional d'espaces naturels.

En Camargue, la réserve naturelle régionale de la Tour du Valat prévoit dans son plan de gestion (2011-2015) des réouvertures de maquis où subsistent encore quelques lézards ocellés. De la même manière, le parc naturel régional des Alpilles met en place une gestion pastorale et une politique d'ouverture des milieux.

Anthony Olivier

Le lézard ocellé a pratiquement disparu de Grande Camargue. Il ne subsiste plus aujourd'hui que sur le domaine de la Tour-du-Valat où son avenir est critique. La réserve naturelle régionale de la Tour-du-Valat mène une étude sur cette population. Elle envisage de contrôler la progression des buissons de filaires qui couvrent progressivement les montilles, suite à la disparition du lapin de garenne qui limitait jadis l'extension de cet arbuste.

En Languedoc-Roussillon, le lézard ocellé est pris en compte dans les contrats agri-environnementaux (MAE) animés par le parc naturel régional des Pyrénées catalanes, sur le site Natura 2000 du Madres-Coronat. Dans cette même région, le Conservatoire régional des espaces naturels prévoit des actions d'ouverture de milieu sur le massif de la Gardiole, en compensation des pertes engendrées par le doublement de l'autoroute au niveau de Montpellier.

Dans le Lot, l'étude réalisée par Gilles Pottier au début des années 2000 a permis de définir des axes prioritaires d'intervention : maintien des connexions entre les populations, maintien des habitats ouverts et notamment les pelouses, acquisition de parcelles afin d'éviter la mise en culture. Ce type de mesures peut s'inscrire dans un programme plus global de préservation des pelouses sur coteaux calcaires présentant des enjeux de conservation forts pour d'autres espèces, notamment les orchidées et certains invertébrés. Le parc naturel régional des causses du Quercy a mené dans le cadre de sa première charte (en cours de révision) des actions dont certaines ont pu avoir des influences positives sur les populations de lézard ocellé comme la reconquête pastorale des landes calcicoles et pelouses.

Des opérations de réouverture et d'entretien de pelouses calcicoles sur des sites occupés par

Le site de Cossure en Crau a fait l'objet d'une réhabilitation écologique suite à l'abandon de vergers. Des lézards ocellés y ont été introduits, issus de sites proches soumis à l'urbanisation. On voit sur cette photo les gîtes mis en place sur Cossure pour accueillir les lézards ocellés déplacés.

l'espèce sont prévues en Dordogne, à l'initiative du parc naturel régional Périgord-Limousin.

En Auvergne, une population de lézard ocellé est prise en compte dans le sud du Cantal dans le cadre du document d'objectifs d'un site Natura 2000 et dont l'opérateur est le CPIE de Haute-Auvergne.

Marc Cheylan

Vue du site de Cossure en Crau. La plaine caillouteuse de la Crau a perdu près de 80 % de sa superficie originale sous l'effet des mises en culture et de l'urbanisation. Aujourd'hui, seuls 10 000 ha ont conservé leur caractère originel ou quasi originel. Le verger de Cossure, mis en place en 1992 sur 357 ha, a été abandonné en 2006. Grâce aux financements de mesures compensatoires, il a été réhabilité ces dernières années, offrant ainsi de nouveaux espaces favorables au lézard ocellé.

POSE DE GÎTES ARTIFICIELS… INTÉRÊT, EFFICACITÉ ET LIMITES

Outre l'ouverture des milieux, l'un des éléments importants à prendre en compte est la nature des abris disponibles et leur quantité, comme cela a été démontré au long de ce livre. En l'absence de gîtes naturels ou en cas de régression importante de ceux-ci, le recours à des gîtes artificiels est-il envisageable, dans quelles conditions et pour quels résultats ?

L'installation de gîtes artificiels pour favoriser des populations de reptiles est une technique éprouvée : c'est le cas pour le scinque pygmée à langue bleue *Tiliqua adelaidensis* et le serpent *Hoplocephalus bungaroides* en Australie ainsi que plusieurs espèces de reptiles dans le sud de l'Espagne (voir *L'indispensable présence des abris* p. 78).

Le scinque pygmée à langue bleue *Tiliqua adelaidensis* du sud de l'Australie utilise essentiellement des trous d'araignées. Chez cette espèce, l'installation de gîtes artificiels a entraîné une augmentation des densités locales et le recrutement de nouveaux individus. Toujours en Australie, des rochers artificiels ont été installés afin de compenser la perte de gîtes provoquée par la destruction des rochers qui servaient d'abris pour de nombreux reptiles. Après seulement 40 semaines, 100 % des rochers artificiels placés sur le site furent colonisés par 45 invertébrés, 6 lézards et deux espèces de serpents, dont une sérieusement menacée, le Broad-headed snake *Hoplocephalus bungaroides*.

Dans le sud de l'Espagne, suite à une grave pollution le long d'une importante rivière, le Guadiamar, un programme de restauration a été mené afin de recréer un corridor vert. Celui-ci a eu pour objectif de connecter deux importants sites naturels : le parc national de Doñana et la Sierra Morena. Une série de gîtes artificiels installés pour les reptiles a permis une recolonisation rapide avec un plus grand nombre d'espèces et d'individus que dans les secteurs dépourvus de gîtes.

Les auteurs de ces expériences précisent que la présence d'abris est un facteur important pour le maintien de populations de reptiles et souvent crucial en termes de qualité des habitats. C'est également un point que retient Corbett (1989) pour la conservation du lézard ocellé. Plus localement, et pour d'autres reptiles, la réhabilitation d'anciennes voies ferrées en voie verte de promenade prend en compte la ressource en gîte pour les reptiles mais aussi les amphibiens ou les micromammifères. Ainsi dans les Deux-Sèvres, l'installation de gîtes à intervalles réguliers de chaque côté de l'itinéraire ne peut qu'avoir des impacts positifs pour les reptiles.

Cet outil de conservation a été testé dès 2005 sur l'île d'Oléron, en réponse au déclin rapide du lapin de garenne. L'installation de gîtes artificiels a été entreprise sur ce site de façon expérimentale et temporaire, dans l'espoir de voir réapparaître le lapin dans les années suivantes, ce qui a été le cas (au moins partiellement) à partir de 2010. Dans un premier temps, ces gîtes ont été installés dans des secteurs occupés par le lézard ocellé afin de voir si les individus en prenaient possession. Seize gîtes artificiels ont donc été disposés à l'automne 2005 au sein d'un noyau de population. Ils ont fait l'objet de suivi dès le début du printemps suivant afin de vérifier leur occupation. Après l'observation de traces en avril 2006, tous les gîtes ont été colonisés au cours de l'année ce qui montre qu'il y avait un réel besoins pour les lézards. Les prospections réalisées en 2007, 2008 et 2009 ont confirmé l'attrait de ces gîtes et leur occupation au fil des ans.

Les gîtes artificiels disposés sur l'île d'Oléron

Les gîtes artificiels conçus par Claude Dauge, agent patrimonial de l'Office national des forêts (ONF), sont faits d'une boîte en bois sans fond (permet l'infiltration de l'eau et d'avoir le même substrat sableux que dans un terrier de lapin). La boîte est enterrée dans le sol à une profondeur comprise entre 0,5 et 1 mètre. De cette boîte partent plusieurs tuyaux en PVC souple permettant la circulation des lézards entre l'extérieur et l'intérieur du gîte. Une fois installés, ces gîtes sont parfaitement intégrés dans le milieu. Seules les entrées, de la taille d'un trou de rongeur, sont visibles en surface.

Claude Dauge

Évelyne Flageul

Évelyne Flageul

Florian Doré

Pose de gîtes artificiels confectionnés par l'ONF.

Lors du suivi à long terme mis en place en 2007, nous avons pu constater la quasi disparition du lézard ocellé au centre de la zone d'étude. Ce secteur de plusieurs hectares était auparavant occupé par le lapin et largement fréquenté par le lézard ocellé. En 2007, tous les terriers étaient rebouchés et aucune observation de lézard ocellé n'y avait été réalisée. Une vingtaine de gîtes artificiels ont donc été installés par l'Office national des Forêts à l'automne 2007 afin de permettre la réinstallation des individus dans cette zone et le maintien de connexions entre le nord et le sud de la population.

Comme attendu, la colonisation a été constatée dès le début du printemps 2008. Les premiers signes de colonisation ont été observés dès le mois d'avril. À la fin avril, deux gîtes étaient colonisés, puis 4 nouveaux gîtes en mai. À la fin de l'été 2008, la moitié des gîtes, soit une dizaine, étaient occupés par le lézard ocellé. Dans ce cas, la colonisation semble avoir été plus lente que pour les 16 gîtes installés en 2005, mais ceci tient sans doute à ce que les 20 gîtes ont été installés sur un secteur d'où l'espèce avait quasiment disparu. Le suivi de l'opération en 2009 a permis de constater que 16 gîtes sur 20 étaient occupés fin 2009 par le lézard ocellé, ce qui montre clairement le rôle cardinal des gîtes pour l'espèce.

En 2006, les premiers occupants des gîtes étaient, pour la majorité, des juvéniles de 6 à 12 mois, mais aussi des individus subadultes de 18 à 24 mois. Ce n'est que plus tard que des adultes ont été observés dans les gîtes artificiels. Ce constat suggère que ce sont les jeunes individus qui explorent les nouveaux habitats, là où les adultes sont moins présents.

En complément des observations printanières et estivales, nous voulions savoir si les gîtes artificiels servaient également à l'hibernation des individus. Dans la mesure où ces gîtes sont profondément enterrés (comme un trou de rongeur ou un terrier de lapin), le dispositif devait répondre aux conditions nécessaires à l'hibernation. Pour vérifier cela, des enregistreurs de température ont été

Florian Doré

Mâle adulte à l'entrée d'un gîte artificiel.

Florian Doré

Jeune lézard ocellé occupant un gîte artificiel nouvellement installé.

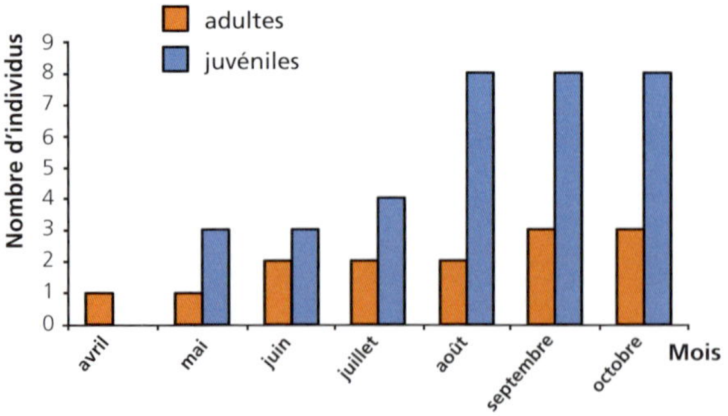

Évolution, en 2006, du nombre de lézards ocellés occupant les 16 premiers gîtes artificiels installés en novembre 2005 sur l'île d'Oléron.

Florian Doré

Dispositif utilisé afin de vérifier la présence de lézard ocellé dans les gîtes artificiels durant l'hiver.

placés dans un gîte artificiel et un terrier de lapin durant l'hiver 2007-2008. Les courbes d'évolution des températures entre les deux types de refuges se sont révélées semblables. Elles ont évolué entre 3,5 et 12 °C de début novembre 2007 à début mars 2008. Ces résultats laissent penser que les gîtes artificiels peuvent parfaitement servir à l'hibernation du lézard ocellé. Pour confirmer ceci, des observations ont été menées à la sortie des hivers 2008 et 2009. Elles ont permis d'observer des individus s'insolant de longues heures à l'entrée des gîtes artificiels. Le statut des individus (sexe, classe d'âge) était le même que celui observé pour un même gîte juste avant l'hibernation. Enfin, lors de l'hiver 2010-2011, une mini caméra introduite dans l'un des gîtes a permis de constater la présence d'un lézard ocellé adulte en phase de repos hivernal.

Florian Doré

Lézard ocellé observé à l'aide de la caméra glissée dans un gîte artificiel au cœur de l'hiver 2010-2011.

Fort des résultats obtenus sur Oléron, des abris artificiels ont également été posés en 2009 et 2011 sur le littoral aquitain, sur des secteurs de dunes où le lézard ocellé était connu et sur des secteurs où il ne l'était pas. Sur certains sites où le lézard ocellé semblait rare ou absent, les abris artificiels n'ont pas été colonisés. Sur un site où le lézard ocellé n'était pas connu, deux gîtes ont été investis deux ans après la pose d'abris. Sur une autre zone bien occupée par le lézard ocellé, la pose de gîtes s'est révélée très positive.

Dans la réserve nationale des Coussouls de Crau, une surface de 350 hectares correspondant à d'anciens vergers a été réhabilitée en parcours à mouton. Des abris artificiels ont été posés en 2011 (voir photo p. 169) pour accueillir des lézards ocellés capturés lors d'opération de sauvetage faisant suite à l'implantation de hangars industriels. Le suivi d'une femelle par radio-télémétrie entre le 31 mai et le 21 juillet a montré que celle-ci s'est rapidement fixée sur les gîtes construits à cet effet, malgré des déplacements importants durant les deux mois de suivi avec des distances pouvant atteindre 500 mètres. Les gîtes semblent avoir contribué à sa fixation sur le site, puisque qu'elle y revenait chaque soir.

Concernant l'expérience menée sur l'île d'Oléron, il est important de remarquer que celle-ci a été conduite après une dizaine d'années d'études ayant permis de bien comprendre le fonctionnement de la population et les causes de son déclin. La pose de gîtes artificiels ne doit donc être envisagée que si l'on dispose de données sûres montrant que c'est ce paramètre qui explique le déclin de l'espèce ou les faibles effectifs constatés. Les gîtes ne doivent pas devenir des pièges pour l'espèce, notamment faciliter leur capture par des individus malveillants. Il est donc important de bien connaître une population avant d'engager des actions de conservation et s'assurer de pouvoir en évaluer l'efficacité !

Les gîtes artificiels : attractifs pour des hôtes diversifiés !

Les gîtes ne sont pas utilisés que par le lézard ocellé. Les micromammifères les apprécient particulièrement et le traquet motteux a souvent été observé à proximité immédiate des entrées, mais sans indices de nidification à l'intérieur (peut-être prochainement ?). À deux reprises, un traquet motteux est sorti d'une entrée suite à une approche. Les insectes et autres petits animaux les utilisent aussi, mais il n'y a pas eu d'observations précises à ce sujet. Les principaux utilisateurs en sont bien les reptiles. Ainsi, une vipère aspic a été observée alors qu'elle rentrait à l'intérieur d'un gîte, de même qu'une coronelle girondine. Le lézard des murailles les explore également et un lézard vert a été vu à l'entrée de l'un des gîtes. Celui-ci n'y est pas resté longtemps. Le lendemain, un lézard ocellé adulte avait pris sa place !

DÉPLACER DES INDIVIDUS EN RÉPONSE À UN AMÉNAGEMENT

De nombreux maîtres d'œuvre proposent, en réponse à un aménagement devant affecter une population de lézards ocellés, de déplacer les animaux vers un site de substitution, ce que permet la loi au travers de l'arrêté de 2007 concernant les espèces protégées en France. Ceci ne va pas sans poser de nombreuses interrogations : où déplacer les animaux ? À quelle période ? Selon quel protocole ? Pour quelle efficacité ? Avec quels experts ?

Si, sur le principe, une telle mesure peut se justifier pour éviter la destruction directe d'individus, il semble nécessaire de réfléchir à son intérêt pour l'avenir des populations concernées. Transférer des individus nécessite en effet un investissement conséquent, d'une part pour bien connaître en amont la population concernée et, d'autre part, la population d'accueil : quelle distance ? Présence d'une population, qualité du milieu, etc. ? D'autres questions se posent pour récupérer les individus sur le site qui devra être détruit : combien d'individus vont-ils être récupérés ? Selon quelle technique ? À partir de quand peut-on considérer l'opération terminée ? Quel va être le comportement des individus transférés ? À l'heure actuelle, on manque cruellement d'information sur l'efficacité de telles mesures et sur le réel devenir des animaux relâchés. Bien entendu, ces opérations sont accompagnées le plus souvent d'un protocole de suivi détaillé, affiché sur plusieurs années. Mais pour qu'un tel suivi soit efficace et informatif, cela nécessite une méthodologie rigoureuse, rarement applicable avec les moyens disponibles. Et il n'existe à l'heure actuelle aucun expert capable de répondre à toutes ces questions.

Olivier Peyre

Sur ce chantier en plaine de Crau, la pose de barrière permet d'isoler les animaux menacés par les travaux de terrassement. Ceux-ci ont été capturés, puis déplacés sur le site de Cossure dans le cadre des mesures compensatoires liés à la construction de hangars.

Marc Cheylan

La formation des agents de terrain contribue à une meilleure prise en compte de la protection de l'espèce sur le territoire. Ici, le responsable scientifique de la réserve de la plaine des Maures montre un lézard ocellé aux agents de l'Office National des Forêts, à l'occasion d'une formation à l'herpétologie de terrain.

Dans l'attente d'études bien conduites, il semble plus utile que les moyens financiers mobilisés pour ces opérations de transfert soient affectés à des actions de conservation et de gestion sur des populations proches, soit à l'échelle locale, soit à l'échelle régionale.

LE PLAN NATIONAL D'ACTIONS : DES PISTES POUR UNE GESTION CONSERVATOIRE DES POPULATIONS

Bien que les connaissances sur le lézard ocellé aient beaucoup progressé ces dernières années, elles restent malgré tout fragmentaires. Dans le futur, il serait intéressant que des protocoles de suivi à long terme standardisés soient mis en place sur un certain nombre de populations ou pérennisés sur d'autres (Oléron, côte aquitaine, Crau, Camargue…). Ceci permettrait de suivre l'évolution du lézard ocellé à grande échelle, de mieux identifier les causes de son déclin, et de préconiser des mesures de gestion étayées sur le plan scientifique.

À court terme, certaines mesures paraissent importantes à mettre en œuvre. C'est le cas notamment dans la plaine de la Crau où des mesures de protection réglementaires fortes permettent d'envisager des actions de conservation en faveur de cette espèce. La préservation d'espaces comme la nouvelle réserve naturelle de la plaine des Maures devrait également permettre une prise en compte du lézard ocellé.

Que ce soit sur les pelouses et coteaux calcaires de Dordogne et du Lot, les milieux méditerranéens du Languedoc ou ailleurs dans l'aire de distribution du lézard ocellé, les populations apparaissent de plus en plus isolées et en déclin. L'adoption de mesures de conservation à court terme est nécessaire afin de préserver ce magnifique lézard. Les naturalistes et scientifiques ibériques font un constat similaire pour une espèce considérée il y a peu comme abondante. Pedro Galán préconise dans le parc national des îles atlantiques de Galice de réaliser des coupes d'éclaircies dans les milieux avec buissons, une régulation et un contrôle des chats, ainsi que la restauration des murets.

Il est également nécessaire de former et sensibiliser les gestionnaires d'espaces naturels face aux enjeux de conservation. Chaque année, des rencontres ont lieu lors de formations des agents de l'Office national des Forêts, mais aussi lors des stages organisés par l'Atelier Technique des Espaces Naturels. L'Office national des Forêts a une responsabilité importante vis-à-vis de cette espèce, compte tenu de la diversité et de l'étendue des territoires dont il assure l'entretien et la surveillance.

Le Plan national d'actions doit orienter durant cinq années (2012-2016) les actions à mettre en œuvre afin de conserver les populations françaises de lézard ocellé. Les objectifs généraux de ce plan sont de réduire les facteurs de déclin et d'assurer une reconquête de l'espace par celle-ci. 8 objectifs majeurs ont été retenus :

- acquérir de nouvelles connaissances applicables à la gestion conservatoire de l'espèce ;
- mettre en place un système de suivi des populations ;
- constituer un réseau cohérent et consistant d'espaces protégés permettant d'assurer la conservation de l'espèce ;
- définir et mettre en place des mesures de gestion conservatoire ;
- évaluer les mesures de gestion ;
- mettre en cohérence les différentes politiques territoriales et prendre en compte l'espèce en amont des projets d'aménagement ;
- favoriser la diffusion des connaissances ;
- sensibiliser un large public à la conservation du lézard ocellé.

Afin de répondre à ces objectifs, 22 actions sont préconisées. Les actions prioritaires prévoient notamment la mise en place, par région, d'un état des lieux de la conservation du lézard ocellé, l'amélioration des connaissances sur la reproduction, la mise en place de suivis à long terme à l'échelle nationale, l'augmentation des surfaces de protection réglementaire et les opérations de maîtrise foncière, le maintien et/ou la restauration des habitats...

Le Plan national d'actions est téléchargeable sur le site internet du ministère de l'écologie et sur le site de la DREAL Poitou-Charentes.

Marc Cheylan

La réserve naturelle des coussouls de Crau a été créée en octobre 2001. Elle protège 7411 ha de coussouls sur un total actuel d'environ 8600 ha. Le lézard ocellé est une des espèces emblématiques de la réserve, avec le ganga cata, l'alouette calandre, l'outarde canepetière, le faucon crécerellette et le criquet rhodanien.

Références

Thirion & Doré (2012) – **Quelques exemples concrets de conservation :** Berroneau (2012), Cohez *et al.* (2010), Corbett (1989), Croak *et al.* (2010), Doré *et al.* (2007, 2009b, 2011a), Grillet *et al.* (2008, 2010b), Pottier (2001), Marquez-Ferrando *et al.* (2009), Milne (1999), Souter *et al.* (2004, 2007) – **Le plan national d'actions : des pistes pour une gestion conservatoire des populations :** Galán (2003), Thirion & Doré (2012).

Quel avenir pour le lézard ocellé ?

Animal emblématique des garrigues et maquis méditerranéens, des causses et des formations dunaires atlantiques, le lézard ocellé mérite toute notre attention. Avec lui, c'est le futur des espèces animales et végétales liées aux paysages ouverts qui nous interroge.

On sait à présent qu'une grande partie de ces espèces, souvent rares et localisées, dépend du maintien de paysages en mutation, souvent façonnés par l'Homme : cultures d'oliviers, d'amandiers ou de vignes, pâtures à moutons. Or le maintien de ces paysages dépasse très largement les préoccupations d'ordre environnemental. Elles concernent de fait l'ensemble de la société et les choix de vie que celle-ci souhaite développer. Les mutations agricoles des cinquante dernières années ont en effet profondément modifié nos paysages, entraînant à la fois une intensification des cultures là où les terres s'y prêtent, et une profonde déprise rurale là où les terres sont les moins rentables. Cette double évolution s'est traduite par un appauvrissement généralisé de la petite faune et, à l'inverse, par une spectaculaire augmentation de la grande faune : cerfs, chevreuils, sangliers notamment. Cette mutation est donc favorable à certains représentants de la biodiversité (espèces forestières en particulier) et préjudiciable à d'autres.

Le maintien des milieux ouverts non climaciques repose donc sur un choix de société qui peut prendre deux orientations : le redéploiement d'une activité agricole plus respectueuse de l'environnement et la gestion conservatoire pro-active des milieux naturels. De toute évidence, la gestion conservatoire des milieux ouverts ne pourra concerner que de petits territoires protégés, disposant de moyens humains et financiers récurrents. Il convient donc d'accompagner et d'encourager, autant que faire se peut, une agriculture et un élevage respectueux des milieux naturels. Ce mouvement est en marche depuis quelques années. Il devrait être renforcé par les nouvelles dispositions de la politique agricole commune et par des mesures nationales incitatives. La montée en puissance de la filière bois énergie pourrait également contribuer à contrer l'embroussaillement de certains territoires, si la voie industrielle n'en constitue pas l'unique finalité.

Ceci étant, la disparition ou le déclin du lézard ocellé dans plusieurs espaces protégés ayant conservé des habitats ouverts intacts et parfois climaciques (plaine de la Crau, notamment) montrent que d'autres facteurs opèrent en défaveur de ce lézard. Une des causes suspectées est liée à l'usage de produits antiparasitaires administrés aux troupeaux. Cette interrogation qui suscite des inquiétudes dans de nombreux espaces naturels protégés, devra être levée dans les meilleurs délais car elle concerne, au-delà du lézard ocellé, bien d'autres « compartiments » de la biodiversité.

Il y a de la complicité dans l'attitude de ces deux lézards.

La réserve naturelle de la plaine des Maures offre à présent un avenir assuré à ce couple de lézard ocellé. Mais qu'en sera-t-il en dehors des espaces protégés ?

Joseph Celse

Annexes

Annexe 1 :
UNE BIODIVERSITÉ REMARQUABLE SUR L'ÎLE D'OLÉRON

Ancrée entre l'estuaire de la Gironde et l'embouchure de la Charente, l'île d'Oléron (175 km²) est la plus étendue et la plus méridionale des îles du Ponant. Depuis 1966, un viaduc de près de 3 km la relie au continent dont elle est séparée, à sa pointe sud, par le Pertuis de Maumusson, large d'à peine 1,5 km.

Orientée nord-ouest/sud-est suivant l'axe de l'anticlinal de Jonzac, l'île d'Oléron s'étire sur 30 km et culmine à 35 m. Elle est constituée de roches calcaires crétacées et jurassiques partiellement recouvertes d'alluvions argileuses et sablonneuses du quaternaire. Selon le substrat affleurant, le trait de côte est constitué tantôt de falaises et de rochers comme à la pointe nord, de dunes et de plages de sable fin, principalement sur la côte ouest, ou encore, sur la côte est, de vasières où la mer se retire jusqu'à plus de 3 km.

Bien que soumise à un climat océanique, Oléron bénéficie de conditions particulières (en termes de température, de pluviométrie et d'ensoleillement) lui conférant un caractère méditerranéen : cela se traduit, entre autres, par la présence d'espèces en limite nord de leur aire de répartition.

La population insulaire comptait 21 699 habitants en 2009, soit 124 habitants/km², ce qui correspond à une densité de type quasi-urbain. En été, la population est multipliée par au moins 10, induisant un trafic routier particulièrement dense. Le tourisme est la première activité économique.

Le territoire oléronais présente une mosaïque de milieux diversifiés, parfois étroitement imbriqués. Très schématiquement, quatre grands types de «milieux» couvrent 90 % de l'île.

- L'emprise viaire et bâtie (26 %). Villages et anciens hameaux, où les résidences secondaires représentent globalement 64 % des logements, ne forment souvent plus qu'un. Ils voisinent avec campings et regroupements autorisés de parcelles à camper auxquels il convient d'ajouter quelque 3 800 parcelles à camper illégales.
- Les marais (23 %). Halophiles pour 80 % d'entre eux, ce sont principalement d'anciens marais salants en partie réutilisés pour l'ostréiculture.
- Les zones boisées (22 %). Ce sont, pour plus de la moitié, des forêts dunaires domaniales à pin maritime *Pinus pinaster* pur ou associé au chêne vert *Quercus ilex*, le reste étant constitué, pour l'essentiel, de bois de feuillus.
- Les zones cultivées (19 %). Elles se situent surtout dans la moitié nord de l'île. La viticulture et le maraîchage sont actuellement les secteurs les plus dynamiques.

Afin de mieux protéger l'île d'Oléron d'une urbanisation devenue omniprésente par endroits, de la banalisation progressive de ses paysages et d'une fréquentation parfois anarchique de ses milieux naturels, la plus grande partie de son territoire (84 %) est en site classé depuis le 1er avril 2011. L'île bénéficie par ailleurs de plusieurs autres zonages environnementaux qui se chevauchent fréquemment (le réseau Natura 2000 couvre au total 41 % de sa superficie) car elle abrite une grande biodiversité mise en évidence par de nombreux inventaires tant floristiques que faunistiques.

Parmi les seuls vertébrés «terrestres» – amphibiens, reptiles, oiseaux nicheurs et mammifères –, plus de 190 espèces ont été recensées à Oléron, mais certaines manquent encore probablement à l'appel, notamment parmi les chiroptères. Nombre d'entre elles sont emblématiques en raison de leur rareté, de leur répartition géographique ou encore de leur abondance locale.

Outre le lézard ocellé *Timon lepidus*, le cortège des amphibiens et des reptiles compte plusieurs espèces ayant un fort intérêt patrimonial, par exemple la coronelle girondine *Coronella girondica*, une couleuvre, elle aussi en limite nord de répartition, le pélobate cultripède *Pelobates cultripes* cantonné sur quelques lentilles sableuses ou la cistude d'Europe *Emys orbicularis* localisée à quelques rares points d'eau douce. Bien que très abondante, la rainette méridionale *Hyla meridionalis* mérite d'être signalée, car ses chœurs, qui peuvent compter plusieurs milliers d'individus, animent grandement les marais doux et saumâtres lors des chaudes soirées estivales...

Avec pas moins de 137 espèces recensées depuis 1975, l'avifaune nicheuse se singularise par sa grande diversité, mais aussi par la densité de certaines espèces. Qu'il soit permis d'en citer pêle-mêle quelques-unes, dans le désordre alphabétique et systématique le plus total : la cigogne blanche *Ciconia ciconia* (première nidification en 2005), le bihoreau gris *Nycticorax nycticorax* (20 couples en 2013), le tadorne de Belon *Tadorna tadorna*, le circaète Jean-le-Blanc *Circaetus gallicus*, le busard des roseaux *Circus aeruginosus* (10-15 couples de 2000 à 2013), la chevêche d'Athéna *Athene noctua* (119 mâles chanteurs en 2000), le petit-duc scops *Otus scops* (300 mâles chanteurs en 2012), l'engoulevent d'Europe *Caprimulgus europaeus*, la huppe fasciée *Upupa epops*, la gorgebleue à miroir *Luscinia svecica*, l'échasse blanche *Himantopus himantopus* ou encore le gravelot à collier interrompu *Charadrius alexandrinus* qui est, ici comme ailleurs, menacé par des dérangements trop fréquents sur ses sites de nidification. Il est à noter que des espèces pourtant relativement communes sur le proche continent, juste en regard de l'île, n'ont pas été trouvées nicheuses à ce jour sur Oléron – ainsi la chouette hulotte *Strix aluco* – tandis que d'autres commencent tout juste à s'y implanter, comme le pic vert *Picus viridis*.

En ce qui concerne les mammifères, outre quelques chauves-souris, parmi lesquelles la noctule de Leisler *Nyctalus leisleri*, l'un des plus rarement observés à Oléron est la loutre d'Europe *Lutra lutra*. À l'inverse, le campagnol des champs *Microtus arvalis* est sans doute l'un des plus répandus. Signalé pour la première fois en 1976, ce micromammifère a entièrement colonisé l'île en moins de 10 ans, favorisant la reproduction de plusieurs rapaces dont le faucon crécerelle *Falco tinnunculus* et le hibou moyen-duc *Asio otus* qui présente certaines années une densité remarquable (près de 100 nichées détectées en 1993). Il convient enfin de noter l'apparition récente de la fouine *Martes foina* dont la première mention remonte à l'hiver 1999/2000, et qui semble encore peu implantée (le seul autre mustélidé sur Oléron était jusqu'alors la belette d'Europe *Mustela nivalis*).

Christian BAVOUX,
le Marais aux Oiseaux, Dolus d'Oléron

Annexe 2 :
LA DUNE ET SES PRINCIPAUX FACIÈS SUR OLÉRON, APPROCHE NATURALISTE

Le système dunaire est composé, depuis la plage jusqu'à la forêt, d'une succession de faciès plus ou moins parallèle au rivage. La salinité, la force du vent, le transport éolien du sable décroissent d'ouest en est, et déterminent ainsi, la morphologie des dunes ainsi que les associations végétales présentes.

Le **haut de plage** est la partie immergée lors des très grandes marées. À la belle saison, une végétation halophile peut s'y développer. Puis la **banquette**, est le lieu d'accumulation de sable en pied de dune littorale, lors des périodes de répit d'érosion marine… En période d'érosion, comme c'est le cas actuellement, cette banquette laisse la place à une micro falaise entre le haut de plage et la dune vive (et dans certains cas, directement la dune grise).

La **dune vive** appelée également « **dune blanche** » correspond au cordon de dune mobile à forte accumulation sableuse. Ce cordon dunaire peut être entrecoupé par un « canyon » ou siffle vent perpendiculaire à la plage. Celui-ci est dû à l'arrachement d'une grosse quantité de sable par le vent. Pendant les phases pionnières c'est l'oyat, psammophyte (adaptée aux milieux sableux) par excellence, qui domine. On y rencontre également l'euphorbe des sables et la giroflée des dunes…

La **dune semi fixée** correspond à la partie basse au pied de la dune littorale. Elle est marquée par une végétation basse (armoise de Lloyd, lotier corniculé, bugrane maritime), d'aspect clairsemé et surtout par l'absence de mousses et de lichens. Ce faciès peut être absent en cas de dune littorale très végétalisée, sinon sa profondeur peut aller de quelques mètres à 50 m, lorsque la dune littorale est déstabilisée. Elle est l'interface entre la dune mobile et la dune grise.

La **dune grise** correspond à l'arrière dune entièrement recouverte par la végétation et dont la couleur dominante est le gris-vert. Abritée des embruns salés et ne subissant qu'un très faible saupoudrage de sable, ce stade évolué est caractérisé par la présence de mousses (les tortula) et de lichens, par la présence de l'immortelle dans la partie sud de la façade ouest des dunes d'Oléron et le raisin de mer ou ephedre, dans sa partie nord. Sa morphologie peut être très variée.

Enfin, la **frange pré forestière**, est le passage progressif entre la pelouse basse de la dune grise et la forêt proprement dite. Cette limite externe de la dune non boisée, importante pour la richesse biologique et paysagère est constituée d'espèces semi ligneuses, de buissons bas et de pins halo-anémomorphosés, aux formes étranges. On y rencontre également le troène, le daphné, des ronces…

Claude DAUGE, ONF

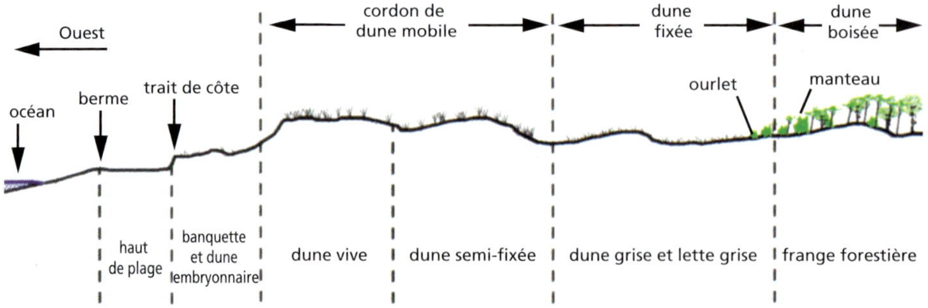

Schéma des fasciès de dunes littorales atlantiques.

Annexe 3 :

Évolution mensuelle des préférences alimentaire exprimée en trois catégories par la méthode de classification des nuées dynamiques (île d'Oléron) :

fréquent : fréquence du groupe taxinomique > 35 % ;
assez fréquent : fréquence du groupe taxinomique < 35 % > 5 % ;
peu fréquent : fréquence du groupe taxinomique < 5%.

MOIS	**GROUPE TAXINOMIQUE**		
	Fréquent	**Assez fréquent**	**Peu fréquent**
Avril	Coleoptera	Hymenoptera Heteroptera Arachnida Helicodea (Mollusca)	Nevroptera Diplopoda (Myriapoda)
Mai	Coleoptera	Hymenoptera Helicodea (Mollusca)	Heteroptera Arachnida Diplopoda (Myriapoda) Muridae (Mammalia)
Juin	Hymenoptera	Coleoptera Helicodea (Mollusca)	Heteroptera Arachnida
Juillet	Ephedraceae (Fruit)	Coleoptera Hymenoptera	Orthoptera Helicodea (Mollusca) Isopoda (Crustacea)
Août	Ephedraceae (Fruit)	Coleoptera Hymenoptera	Orthoptera Heteroptera Diptera Arachnida Helicodea (Mollusca) Diplopoda (Myriapoda)
Septembre	Helicodea (Mollusca) Ephedraceae (Fruit)	Coleoptera Hymenoptera	Orthoptera Heteroptera Diplopoda (Myriapoda)
Octobre	Coleoptera	Hymenoptera Helicodea (Mollusca)	Orthoptera Ephedraceae (Fruit)

Glossaire

Anémomorphosé : se dit d'une forme modelée par le vent. En général, il s'agit d'arbres qui poussent en s'étalant à ras du sol mais pas en hauteur. Un arbre halo-anénomorphosé est un arbre qui a subi à la fois les containtes dues au vent et celles dues au sel (embruns).

Anthelminthique : médicament antiparasitaire écotoxique, toxique à très toxique à faible dose.

Apex : pointe, extrémité d'un objet (d'une écaille).

Archéozoologie : discipline scientifique qui vise à reconstituer l'histoire des relations naturelles et culturelles entre l'homme et l'animal

Avermectine : composé organique macrocyclique doté de puissantes propriétés anthelminthiques et insecticides. L'ivermectine est un médicament à base d'avermectine utilisé pour traiter des parasites.

Biogéographie : étude des processus responsables de la répartition géographique des végétaux et des animaux.

Biotique : qui concerne la matière vivante ; ce qui est relatif aux êtres vivants.

Bleu céruléum : un bleu azur tirant sur le bleu-ciel.

Chorologie : étude de la répartition géographique des espèces vivantes et de ses causes.

Clade : groupe de taxons formant un ensemble monophylétique.

Climacique : évolution dite « ultime » pour une communauté végétale correspondant à son développement optimum. Désigne le stade final d'une succession écologique (processus naturel d'évolution et de développement de l'écosystème). Cette notion est théorique dans le sens où plusieurs stades peuvent coexister et, selon les échelles spatiales prises en compte, certains milieux sont toujours en évolution.

Dehesa : terme d'origine espagnole désignant un paysage fait de prairies et d'arbres (en général des chênes) plus ou moins clairsemés. Il s'agit d'un système ancien et répandu en milieu méditerranéen d'exploitation agro-sylvo-pastoral.

Dune grise : faciès correspondant à l'arrière dune entièrement recouverte par la végétation et dont la couleur dominante est le gris-vert. Abritée des embruns salés et ne subissant qu'un très faible saupoudrage de sable, ce stade évolué est caractérisé par la présence de mousses et de lichens. Sa morphologie peut être très variée.

Ectotherme : organisme dont le comportement et la physiologie sont fortement influencés par la température extérieure.

Endectocide : médicament antiparasitaire actif contre les parasites externes et les parasites internes.

Espèce clé de voûte : se dit d'une espèce dont la présence est indispensable à un écosystème par son action exercée de manière directe ou non sur les autres espèces. La disparition d'une espèce clé de voûte provoque des disparitions successives d'autres espèces et entraîne des changements fonctionnels majeurs au sein des écosystèmes.

Espèce indicatrice : se dit d'une espèce fournissant des informations sur la condition générale de l'écosystème et des autres espèces de cet écosystème.

Espèce parapluie : se dit d'une espèce dont la protection, de par ses exigences écologiques et son étendue géographique, bénéficie à la conservation d'un grand nombre d'autres espèces.

Espèce porte-drapeau : espèce emblématique en raison de son image auprès du grand public. Espèce mise en avant afin de faire augmenter le soutien offert à la conservation de la biodiversité de manière plus générale et de garantir une prise de conscience collective en faveur d'autres espèces. Le panda, le tigre, l'éléphant sont des espèces porte-drapeau.

Espèce thermophile : espèce ayant une affinité pour les milieux chauds.

Étage mésoméditerranéen : on définit les limites d'un étage donné par une plage de valeur des variables climatiques moyennes (température, précipitation, etc.) et on y associe une végétation type, l'ensemble constituant alors l'étage bioclimatique. L'étage bioclimatique «mésoméditerranéen » se caractérise en France par une température moyenne du mois le plus froid positive et par une extension altitudinale atteignant 900 m. Cet étage est dominé par le chêne vert et le chêne pubescent sur sol profond.

Étage supraméditerranéen : étage bioclimatique qui se caractérise par une température du mois le plus froid comprise entre 0 et -7 °C et par une extension altitudinale atteignant par endroit 1700 m. Il fait la transition avec l'étage montagnard. Cet étage voit disparaître le chêne vert. Il est surtout occupé par le chêne pubescent et le buis.

Étage thermoméditerranéen : étage bioclimatique qui se caractérise par une température du mois le plus froid supérieure à 3 °C et par une extension altitudinale n'excédant guère 100 m. En France, cet étage est limité à quelques secteurs côtiers de la région méditerranéenne : Pyrénées-Orientales, Bouches-du-Rhône, Var, Alpes-Maritimes. Il se caractérise sur le plan végétal par l'olivier sauvage, le myrte, le pistachier lentisque et le palmier nain.

Étude phylogéographique : étude des principes et processus qui gouvernent la distribution des lignées généalogiques intraspécifiques. Elle étudie les phénomènes génétiques et démographiques, en particulier les phénomènes de spéciation ayant conduits à la distribution et à la structuration géographique actuelle des populations.

Introgression : transfert de gènes d'un taxon en nombre croissant vers un autre taxon qui lui est génétiquement étroitement apparenté.

Lignée mitochondriale : individus génétiquement proches pour ce qui concerne les gènes issus des mitochondries. L'ADN mitochondrial est transmis par voie maternelle, il est distinct de l'ADN présent dans le noyau des cellules.

Matorral : terme d'origine espagnole désignant une zone occupée par des buissons et des broussailles en milieu de type méditerranéen. Garrigue (sur sol calcaire) et maquis (sur sol siliceux) sont deux types de matorral.

Méthode de Kernel : méthode statistique utilisée pour calculer le domaine vital d'un individu. La surface prise en compte pour le calcul du domaine vital concerne 95 % des points de localisation, évitant les points extrêmes de manière à éviter une « sur estimation ».

Méthode des polygones convexes : méthode géométrique utilisée pour calculer le domaine vital d'un individu. Elle consiste à calculer une superficie en reliant les localisations les plus externes de manière à dessiner un polygone convexe englobant tous les autres points de localisation.

Monophylétique : se dit d'un groupe de taxons constitué d'un ancêtre commun hypothétique et de tous ses descendants. Un tel groupe est appelé clade.

Monophylie : voir Monophylétique.

Natura 2000 : réseau européen pour la conservation des habitats naturels de la faune et de la flore sauvages. Il se traduit par la mise en place d'un réseau de sites ayant une grande valeur patrimoniale pour la flore et pour la faune qu'ils contiennent.

Paraphylétique : se dit d'un ensemble de taxons qui regroupe une espèce ancestrale et seulement une partie de ses descendants. Par exemple, les reptiles au sens communément utilisé sont paraphylétiques, car ils excluent les oiseaux.

Phylogénétique : relatif à la phylogénie ; la phylogénie est l'étude, à l'aide des gènes, de l'évolution et des liens de parenté entre les êtres vivants. La phylogénie s'attache à résoudre les relations évolutives qui existent entre les organismes partageant une ascendance commune.

Pores fémoraux : série d'orifices situés au niveau de la face intérieure des cuisses des lézards. Ils sécrètent une substance cireuse. Les pores fémoraux libèrent des phéromones servant à attirer des partenaires sexuels et à marquer le territoire.

Sauropside : lignée monophylétique de vertébrés amniotes qui regroupe les reptiles non aviens et les oiseaux actuels ainsi qu'une partie des « reptiles » fossiles.

Semi-espèce : on utilise ce terme dans le cas d'un processus d'isolement non encore achevé mais qui correspond à un stade avancé de la spéciation (apparition de nouvelles espèces selon un processus évolutif).

Squelettochronologie : méthode permettant l'estimation de l'âge des vertébrés. Elle est fondée sur les marques naturelles répétitives que forment les tissus osseux lors de leur croissance.

Taxinomie : science décrivant les êtres vivants afin d'en établir une classification hiérarchique par taxon.

Taxon : élément de la classification des êtres vivants. Une espèce, une sous-espèce, un hybride sont des taxons.

Thermorégulation : action de réguler la température interne de son corps par un apport extérieur comme l'ensoleillement, pour atteindre une température optimale pour les besoins physiologiques.

Valence écologique : amplitude écologique d'une espèce. Une espèce à valence écologique élevée pourra peupler un grand nombre de milieux. Se définit également comme la capacité d'une espèce à tolérer les variations des facteurs écologiques d'un milieu différent de son milieu naturel.

Xérophile : espèce présente dans des conditions écologiques sèches et qui supporte des périodes de sécheresse.

Bibliographie

Amo L., López P. & Martín J. 2007. - Natural oak forest vs. ancient pine plantations: lizard microhabitat use may explain the effects of ancient reforestations on distribution and conservation of Iberian lizards. *Biodiversity and Conservation* 16(12): 3409-3422.

Angel F. 1946. - *Faune de France, Reptiles et Amphibiens*. Fédération Française des Sociétés de Sciences Naturelles, Librairie de la Faculté des Sciences, Paris, 204 p.

Angilletta M.J. 2001. - Thermal and physiological constraints on energy assimilation in a widespread lizard (*Sceloporus undulatus*). *Ecology* 82: 3044-3056.

Anonyme 1973. - *Reptiles / Amphibiens. Crocodiles, serpents, lézards, tortues, anoures, urodèles*. Collection Beauté du Monde Animal. Tome IX. Librairie Larousse, Paris.

Araujo M.B., Thuiller W. & Pearson R.G. 2006. - Climate warming and the decline of amphibians and reptiles in Europe. *Journal of Biogeography* 33: 1712-1728.

Arnold E.N. & Burton J.A. 1978. - A *Field Guide to the Reptiles and Amphibians of Britain and Europe*. Collins, London. 272 p.

Arnold N. & Ovenden D. 2004. - *Le guide herpéto*. Delachaux et Niestlé. Paris. 280 p.

Arnold E.N., Arribas O. & Carranza S. 2007. - Systematics of the Palearctic and Oriental lizard tribe Lacertini (Squamata : Lacertidae : Lacertinae) with descriptions of eight new genera. *Zootaxa* 1430: 1-86.

Avila J.M., Sandoval P., Schmidt J. & Sánchez-Piñero F. 1988. - Contribución al conocimiento de los Scarabaeioidea (Coleoptera) coprófagos de los excrementos de conejo de la Provincia de Granada (España). *Elytron* 2: 41-50.

Bailón S. 1986. - Los anfibios y los reptiles del yacimiento de Cueva-Horá (Darro, Granada). *Antropología y Paleontología Humana* 4: 131-155.

Bailón S. 1991. - *Amphibiens et reptiles du Pliocène et du Quaternaire de France et d'Espagne: mise en place et évolution des faunes*. 2 vol. Thèse Doctorale. Université de Paris VII. Paris. 499 + 89 pp.

Barbadillo L.J. 1989. - Los Reptilia (Sauria y Amphisbaenia) de los yacimientos Pliopleistocénicos de la cuenca Guadix-Baza (sudeste español), In: Alberdi M.T. & Bonadonna F.P. (eds), *Trabajos sobre el Neógeno del Cuaternario*. Museo Nacional de Ciencias Naturales, Madrid : 151-165.

Beltrémieux E. 1884. - Faune vivante de la Charente-Inférieure. *Ann. Soc. Sci. Charente Inférieure,* Acad. La Rochelle 20: 271-507.

Berroneau M. 2012. - *Guide technique de conservation du Lézard ocellé en Aquitaine*. Association Cistude Nature, Le Haillan, Gironde, France, 118 p.

Berroneau M. 2014. - *Atlas des Amphibiens et Reptiles d'Aquitaine*. Edition C. Nature. 256 p.

Bertrand A. & Crochet P.A. 1992. - *Amphibiens et Reptiles d'Ariège. Inventaires floristiques et faunistiques de l'Ariège*. n°3. Association des Naturalistes de l'Ariège. Clermont : 77-79.

Bessa-Gomez C., Fernandes M., Abreu P., Castro L., Ceia H., Pinto B. & Pires E. 2002. – Le Lynx pardelle *Lynx pardinus* au Portugal : diverses approches dans un scénario de pré extinction, In : Chapron G. & Moutou F. (eds.), *L'étude et la conservation des carnivores*. SFEPM, Paris : 130-135.

Bischoff W., Cheylan M. & Böhme W. 1984. *Lacerta lepida* Daudin 1802, In: Böhme W. (ed), *Handbuch der Reptilien und Amphibien Europas*. Vol 2(1), Aula-Verlag. Wiesbaden : 181-210.

Blázquez M.C. 1993. *Ecología de dos especies de Colúbridos* Malpolon monspessulanus y Elaphe scalaris *en Doñana (Huelva)*. Tesis Doctoral, Universidad de Sevilla.

Blázquez C., Mateo J.A. & López Jurado L.F. 1998. - El Parque Natural de la sierra de Grazalema, In: Santos X. *et al.* (eds), *Inventario de las Áreas Importantes para los Anfibios y Reptiles de España*. Colección Técnica, Ministerio de Medio Ambiente, Madrid : 26-28.

Boessneck J. & Driesch A. 1976. - Die fauna von Castro do Zambujal. Milz H. (1986). *Studien über frühe Tierknochenfunde von der Iberischen Halbinsel,* 5: 1-103.

Böhme W. & Corti C. 1993. – Zoogeography of the Lacertid lizards of the Western Mediterranean basin, *in* Valakos E., Böhme W., Pérez-Mellado V. & Maragou P. (eds). *Lacertids of the Mediterranean region*. A biological approach. Hellenic zoological Society, Athenes : 17-33.

Bonifay E., Courtin J. & Thommeret J. 1971. – Datation des derniers stades de la transgression versilienne dans la région de Marseille. *C. R. Acad. Sc. Paris*, D 273: 2042-2044.

Bonnet X., Brischoux F., Pearson D. & Rivalan P. 2009. - Beach-rock as a keystone habitat for amphibious sea snakes. *Environmental Conservation* 36, 62–70.

Boudet G. & Raymondeau E. 1890. – Zoologie. Le Limousin, 19e session de l'Association Française pour l'Avancement des Sciences, Limoges : 75-90.

Brochard T. 1998. – *Evolution du littoral charentais entre Sèvre niortaise et Seudre depuis 10 000 ans*. TER de géographie. Université de Bordeaux III.

Brugière D. 1986. - *Batraciens et Reptiles de l'Allier, du Puy-de-Dôme, de la Loire, de la Haute-Loire, du Cantal et de la Lozère. Essai de synthèse sur la répartition des Batraciens et des Reptiles du Massif central*. Centre Ornithologique Auvergne, Société pour l'Etude et la protection de la Faune et des Milieux Naturels. Clermont-Ferrand. 158 p.

Brugière D. 1987. - Le lézard ocellé (*Lacerta lepida*) dans le département du Cantal. *Bull. Soc. Herp. Fr.* 44: 6-7.

Busack S. & Visnaw J. A. 1989. - Observations on the natural history of *Lacerta lepida* in Cádiz province, Spain. *Amphibia-Reptilia*, 10: 201-213.

Cabezas-Díaz S., Lozano J. & Virgós E. non daté. - Justificación de una estrategia nacional de conservación para el conejo (*Oryctolagus cuniculus*). http://www.lifelince.org/ 16 p.

Cabral M.J., Almeida J., Almeida P R., Dellinger T., Ferrand de Almeida N., Oliveira M.E., Palmeirim J M., Queiroz A.I., Rogado L. & Santos-Reis M. 2005. - *Livro Vermelho dos Vertebrados de Portugal*. Instituto da Conservação da Natureza, Lisboa.

Callou C. 1995. - Modification de l'aire de répartition du lapin *Oryctolagus cuniculus* en France et en Espagne du Pléistocène à l'époque actuelle. État de la question. *Anthropozoologica* 21 : 95 – 114.

Callou C. 2003. – *De la garenne au clapier. Etude archéozoologique du lapin en Europe occidentale*. Muséum national d'Histoire naturelle, Paris, 358 p.

Carranza S., Arnold E.N. & Amat F. 2004. – DNA phylogeny of Lacerta (*Iberolacerta*) and other lacertine lizards (Reptilia : Lacertidae) : did competition cause long-term mountain restriction ? *Systematics and Biodiversity* 2(1): 57-77.

Castilla A.M. 1989. - *Autoecología del lagarto ocelado* (Lacerta lepida). Tesis Doctoral. Universidad Autónoma de Madrid. Madrid, 257 p.

Castilla A.M. & Castanet J. 1986. - Growth, age and longevity of *Lacerta lepida* assessed by skeletochronology, *in* Rocek Z. (ed), *Studies in Herpetology (Proceedings of the Third Ordinary General Meeting of the Societas Europaea Herpetologica)*. Charles University, Prague : 331-336.

Castilla A.M. & Mateo J.A. 1987. - Comparative study of the reproduction of *Lacerta lepida* (Reptilia: Lacertidae) in different regions of Spain, In: Van Gelder J.J., Strijbosch H., Bergers P.J.M. (eds.),

Proceedings of the Fourth Ordinary General Meeting of the Societas Europaea Herpetologica. Societas Europaea Herpetologica, Nijmegen : 91-94

Castilla A.M. & Bauwens D. 1989. – Reproductive characteristic of the lacertid lizard *Lacerta lepida*. *Amphibia-Reptilia* 10: 445-452.

Castilla A.M. & Bauwens D. 1990. – Reproductive and fat body cycles of the lizard, *Lacerta lepida*, in central Spain. *Journal of Herpetology* 24(3): 261-266.

Castilla A.M. Bauwens D. & Llorente G.A. 1991. – Diet composition of the Lizard *Lacerta lepida* in Central Spain. *Journal of Herpetology* 25: 30-36.

Castroviejo J. & Mateo J.A. 1998. - Una nueva subespecie de *Lacerta lepida* Daudin 1802 (Sauria, Lacertidae) para la isla de Sálvora (España). *Publicaciones de la asociacion de Amigos de Doñana* 12: 5-21.

Cerván Carmona M. & Pardo Navarro F. 1997. - Dispersión de semillas de retama (*Retama sphaerocarpa* (L.) Boiss.) por el conejo (*Oryctolagus cuniculus*) en el centro de España. *Doñana, Acta Vertebrata* 24: 143-154.

Chabanaud P. 1919. - Contribution à l'étude des Reptiles de France. *Bull. Soc. Zool. Fr.* 44: 287- 289.

Chabanier O. 2011. – *Suivi des tendances de population de Lézards ocellés (Timon lepidus) dans la steppe de Crau*. Mémoire de Master, Université Henry Poincaré, Nancy, 38 p.

Chaline O. 2007. - *La conservation du lézard ocellé* Lacerta lepida : apport de la génétique et de la démographie. Mémoire de Master. École Pratique des Hautes Études, Centre d'Ecologie Fonctionnelle et Evolutive, Montpellier, 38 p.

Cheylan M. 1972. - Observations sur les Reptiles de la montagne Sainte-Victoire (Bouches-du-Rhône) : écologie, répartition. *Bull. Assoc. Nat. Orléanais* 5: 12-23.

Cheylan M. 1983. - Statut actuel des reptiles et amphibiens de l'archipel des îles d'Hyères (Var, sud-est de la France). *Trav. Sci. Parc Nat. Port-Cros*, France, 9: 35-51.

Cheylan M. 1984. - Croissance et détermination de l'âge chez le lézard ocellé (groupe *Lacerta lepida*, Sauria, Lacertidae) de France et du Maroc à partir de la squelettochronologie. *Bull. Mus. Hist. Nat. Marseille*, 44 : 29-37.

Cheylan M. & Grillet P. 2003. - Le Lézard ocellé en France, Un déclin inquiétant. Société Nationale de Protection de la Nature. *Le Courrier de la Nature* 205 : 25-31.

Cheylan M. & Grillet P. 2004. - *Le lézard ocellé*. Collection Eveil Nature, Belin, Paris, 95 p.

Cheylan M. & Grillet P. 2005. - Statut passé et actuel du Lézard ocellé (*Lacerta lepida*, Sauriens, Lacertidae) en France. Implication en terme de conservation. *Vie et Milieu* 55(1): 15-30.

Cheylan M. & Cluchier A. 2004. - *Statut actuel et passé du Lézard ocellé (*Lacerta lepida lepida*) sur l'île de Porquerolles*. Rapport interne. Parc National de Port-Cros.

Cheylan M. 2010. – Le seps strié, In: Vacher J.P. & Geniez M. (coords), *Les reptiles de France, Belgique, Luxembourg et Suisse*. Biotope, Mèze (Collection Parthénope) ; Muséum national d'Histoire naturelle, Paris : 403-408.

Cheylan M. & Olivier A. 2013. – Les Reptiles, In: Blondel J., Barruol G. & Vianet R. (eds.), *L'encyclopédie de la Camargue : nature et culture du delta du Rhône*. Editions Buchet/Chastel, Paris. 80-81.

Christian K.A., Tracy C.R. & Porter W.P. 1984. – Physiological and ecological consequences of sleeping-site selection by the Galapagos land iguana (*Conolopus pallidus*). *Ecology* 59 : 752-758.

Cinotti B. 1996. - Évolution des surfaces boisées en France : proposition de reconstitution depuis le début du XIXe siècle, *Revue forestière française*, Vol. XLVIII (6), 1996, p. 547-562.

Cohez D., Chauvelon P., Yavercovski N. & Ernoul L. 2010. - *Plan de gestion 2011 – 2015 de la Tour du Valat : section B, gestion du site*. Tour du Valat, Arles, 97 p.

Collin de Plancy V. 1878. - *Catalogue des Reptiles et des Batraciens du département de l'Aube et étude sur la distribution géographique des Reptiles et Batraciens de l'est de la France*. Semur, Paris, 22 p.

Collina-Girard J. 1992. – Présentation d'une carte bathymétrique au 1/25 000e du précontinent marseillais. *Géol. Méditer.* 19(2) : 77-87.

COSEPAC 2004. - *Evaluation et rapport de situation de COSEPAC sur les couleuvres agiles à ventre jaune de l'Est et de l'Ouest (Coluber constrictor flaviventris et Coluber constrictor mormon) au Canada*. Mise à jour. Comité sur la situation des espèces en péril au Canada. Ottawa, VII + 39 p.

Cosyns E., Delporte A., Lens L. & Hoffmann M. 2005. - Germination success of temperate grassland species after passage through ungulate and rabbit guts. *Journal of Ecology* 93: 353-361.

Cox N., Chanson J. & Stuart S. 2006. - *The Status and Distribution of Reptiles and Amphibians of the Mediterranean Basin*. IUCN, Gland, Switzerland and Cambridge, UK. vii + 51 pp.

Cox N.A. & Temple H.J. 2009. - *European Red List of Reptiles*. Luxembourg: Office for Official Publications of the European Communities. 44 p.

Corbett K. 1989. - *The conservation of European reptiles and amphibians*. Christopher Helm, Londres.

Croak B.M., Pike D.A., Webb J.K. & Shine R. 2010. - Using artificial rocks to restore non renewable shelter sites in human-degraded systems : colonization by fauna. *Restoration Ecology* 4(18): 428-438.

Cugnasse J.M., Maurel T., Maurel C., Néri F. & Slavan J. 1993. - *Les vertébrés terrestres du département du Tarn*. Groupe Ornithologique du Tarn, Monteredon Labessonnié. 96 p.

Decaux C. 1897. - Un lézard ocellé conservé en captivité depuis 14 ans. *La Nature* 49: 43-44.

Delafosse M. 1994. – *Petite histoire de l'île d'Oleron*. Rupella, La Rochelle, 111 p.

Delaugerre M. 2008. - Herpétofaune de la Galite, In: Abbes I., Ben Haj S., Bernard F., Delaugerre M., Ktari N., Maamouri M., Martinez A., Muracciole M., Oro D., Ouni R., Rouissi F., Tranchant Y. & Vidal P., *Archipel de la Galite, Recueil de Notes naturalistes. Petites îles de Méditerranée (2006 – 2007)*. PIM Initiative, 75 p.

Delibes-Mateos M., Ferreras P. & Villafuerte R. 2008. - Rabbit populations and game management: the situation after 15 years of rabbit haemorrhagic disease in central-southern Spain. *Biodiversity and Conservation* 17: 559-574.

Delmas C. 2012. – Découverte d'une nouvelle population de Lézards ocellés, *Timon lepidus* (Daudin, 1802) sur la commune de Foix, le 25 septembre 2012. *Nature d'Ariège Infos*, ANA-CPIE-CEN de l'Ariège, 78: 4-5.

Deso G., Dusoulier F., Bence S. & Cheylan M. 2011. - Distribution du Lézard ocellé *Timon lepidus lepidus* (Daudin, 1802) dans la Haute vallée de la Durance (Région Provence-Alpes-Côte d'Azur). *Bull. Soc. Herp. Fr.* 137 : 43-50.

Destre R., d'Andurain P., Fonderflick J., Pareyre C. et collaborateurs 2000. – *Faune sauvage de Lozère. Les Vertébrés*. ALEPE, 256 p.

Deutsch C.A., Tewksbury J.J., Huey R.B., Sheldon K.S., Ghalambor C.K., Haak D.C. & Martin P.R. 2008. - Impacts of climate warming on terrestrial ectotherms across latitude. *PNAS*, 105(18): 6668-6672.

Dias J.M.A., Boski T., Rodrigues A. & Magalhaes F. 2000. – Coast line evolution in Portugal since the Last Glacial Maximum until present – a synthesis. *Marine Geology* 170 : 177-186.

Díaz A. 2000. - Can plant palatability trials be used to predict the effect of rabbit grazing on the flora of ex-arable land? *Agriculture, Ecosystems and the Environment* 78: 249-259.

Díaz J.A., Monasterio C. & Salvador A. 2006. – Abundance, microhabitat selection and conservation of eyed lizards (*Lacerta lepida*): a radiotelemetric study. *Journal of Zoology* 268 (3): 295-301.

Doré F., Grillet P., Thirion J.M., Cheylan M. & Dauge C. 2007. – *Étude et suivi de la population de Lézard ocellé sur l'île d'Oléron*. Rapport interne, École Pratique des Hautes Études, Office National des Forêts, 58 p.

Doré F. 2008. - *Mise en place d'un suivi à long terme et caractérisation des habitats d'une population de Lézard ocellé* Timon lepidus *(Daudin, 1802) en limite nord de répartition sur l'île d'Oléron*. Mémoire de Master, Nature

Environnement 17, École Pratique des Hautes Études, Office National des Forêts, 37 p.

Doré F., Grillet P., Thirion J.M. & Bernard V. 2008a. - *Etude de la population de Lézard ocellé* Timon lepidus *sur le terrain militaire de Bussac-Forêt.* Rapport interne, Office National des Forêts Poitou-Charentes. 18 p.

Doré F., Grillet P., Thirion J.M., Bernard V. & Cheylan M. 2009a. - *Mise en place d'un suivi à long terme de la population de Lézard ocellé* Timon lepidus *du terrain militaire de Bussac-Forêt.* Rapport interne, Office National des Forêts Poitou-Charentes, 23 p.

Doré F., Grillet P., Thirion J.M., Cheylan M., Lefebvre S. & Dauge C. 2009b. - *Etude et suivi de la population de Lézard ocellé* Timon lepidus *sur l'île d'Oléron.* Rapport interne, Office National des Forêts Poitou-Charentes, 27 p.

Doré F., Grillet P., Thirion J.M., Cheylan M., & Besnard A. 2010. - *Suivi à long terme de la population de Lézard ocellé* Timon lepidus *sur l'île d'Oléron.* Rapport interne, Ecole Pratique des Hautes Etudes, OBIOS, Office National des Forêts 34 p.

Doré F., Grillet P., Thirion J.M., Besnard A. & Cheylan M. 2011a. - Evaluation of a new method to monitor a declining species: application to the ocellated lizard population on Oleron island. *Amphibia-Reptilia* 32(2) :159-166.

Doré F., Grillet P., Thirion J.M., Besnard A. & Cheylan M. 2011b. - Premiers résultats d'un suivi à long terme sur une population de Lézards ocellés *Timon lipidus* sur l'île d'Oléron. *Rev. Ecol. (Terre et Vie)* 66(2) : 205-214.

Dupin M. 2008. – Étude diachronique (1977-2006) et cartographie par photo-interprétation de l'évolution des paysages sur le Parc naturel régional des Causses du Quercy. Mémoire de fin d'étude. École Nationale d'Ingénieur des Travaux Agricoles de Bordeaux, 36 p.

Dupont P. 1990. - *Atlas partiel de la flore de France.* MNHN, collection Patrimoines naturels n° 3, 442 p.

Edgar P. & Bird D.R. 2006. - *Action Plan for the Conservation of the Sand Lizard (*Lacerta agilis*) in Northwest Europe.* Convention on the conservation or European wildlife and natural. meeting , Strasbourg, 27-30 November 2006.

Estes R. 1983. - *Sauria Terrestria, Amphisbaenia.* Handuch der Paläoherpetologie, part 10A. Gustav Fischer, Stuttgart.

Estévez J. 1985. - Analisi faunistica, In: *El Cingle Vermell: un assentament de caçadors recol. lectors del X° Mil.lenni B.P.* Vila EAC. Barcelona 5: 45-50.

Ewald P. 1989. - *Lacerta lepida* Daudin, 1802, In: Gasc J. & Guyétant R. (eds), *Atlas de Répartition des Amphibiens et Reptiles de France.* SHF, SFF et MNHN, Paris : 130-131.

Ferrer A. & Coeugnet E. 2000. – *Suivi du lézard ocellé* Lacerta lepida*; Commune de Tarnos (Landes).* Document interne, Office National des Forêts, Division de Dax.

Ferri V., Dell'Acqua A. & Salvidio S. 1991. - Distribuzione dei Rettili nella fascia costiere della Liguria occidentale : I. *Lacerta l. lepida* e *Malpolon m. monspessulanus. Supplemento Ricerche Biologia della Selvaggina* 16: 217-220.

Ferri V. 1994. - Lucertola ocellata *Lacerta lepida* (Daudin, 1802), *in* Doria G. & Salvidio S. (eds), *Atlante degli anfibi e rettili della Liguria.* Regione Liguria, Cataloghi dei Beni Naturali 2: 84-85.

Flower S.S. 1925. - Contributions to our knowledge of the duration of life in vertebrate animals. III-Reptiles. *Proceedings of the Zoological Society of London* 1925: 911-981.

Fu J. 2000. - Toward the phylogeny of the family Lacertidae – Why 4708 base pairs of mtDNA sequences cannot draw the picture. *Biological Journal of the Linnean Society* 71: 203-217.

Fuentes C. & Meijide M. 1975. - Fauna fósil de la cueva Horá (Granada). *Estudios Geológicos* 31: 777-784.

Galán P. 1988. - Segregación ecológica en una comunidad de ofidios. *Doñana Acta Vertebrata* 15: 59-78.

Galán P. 2000. - Conducta gregaria del lagarto ocelado, *Lacerta lepida*, en las islas Cíes (Galicia). *Boletín de la Asociación Herpetológica Española* 11: 80-82.

Galán P. 2003. - *Anfibios y Reptiles del Parque Nacional de las Islas Atlánticas de Galicia.* Naturaleza y Parques Nacionales – Serie Técnica, Ministerio de Medio Ambiente, Madrid.

Galante E. & Cartagena M.C. 1999. - Comparison of Mediterranean Dung Beetles (Coleoptera: Scarabaeoidea) in Cattle and Rabbit Dung. *Environmental Entomology* 28: 420-424.

Gálvez-Bravo L., Belliure J. & Rebollo S. 2009. - European rabbits as ecosystem engineers : warrens increase lizard density and diversity. *Biodiversity and Conservation* 18: 869-885.

García L., Castro L., Miralles J.M. & Castro H. 1982. - *Cabo de Gata; Guía de la Naturaleza. Perfil Ecológico de una Zona Árida.* Everest, León.

Gelin H. 1911. - Reptiles et Batraciens des Deux-Sèvres et des régions voisines. *Mém. Soc. Vulg. Scien. Nat. Deux-Sèvres* 2: 65 – 86.

Geniez P. & Cheylan M. 2012. - *Les Amphibiens et les Reptiles du Languedoc-Roussillon et régions limitrophes. Atlas biogéographique.* Biotope, Mèze ; Muséum national d'Histoire naturelle, Paris (collection Inventaires et biodiversité), 448 p.

Giroud J.P. 1986. - Observation d'un lézard ocellé (*Lacerta lepida*) dans le Royans. *La Niverolle*, CORA, Grenoble 10:41.

Gleed-Owen C.P. 2001. - A preliminary report on the late Pleistocene amphibians and reptiles from Gorham's Cave and Vanguard Cave, Gibraltar. *Herpetological Journal* 11: 167-170.

Granger A. 1894. - Catalogue des Reptiles et Batraciens observés dans les départements de la Charente-Inférieure, de la Gironde, des Landes et des Basses Pyrénées. *Rev. Sci. Nat. Ouest de la France*, Paris, 9 p.

Groupe Mammalogique et Herpétologique du Limousin 2000. - *Mammifères, Reptiles, Amphibiens du Limousin.* Groupe mammalogique et herpétologique du Limousin, Limoges, 215 p.

Grillet P. & Thirion J.M. 1999. - Redécouverte de la répartition du Lézard ocellé *Lacerta lepida*, Daudin, 1802 en Charente-Maritime. *Ann. Soc. Sci. Nat. Charente-Maritime* 8(8): 941-945.

Grillet P., Cheylan M. & Dusoulier F. 2006. Evolution des habitats et changement climatique : quelles conséquences pour les populations de Lézard ocellé, *Lacerta lepida* (Saurien, Lacertidés), en limite nord de répartition ? *Ecologia Mediterranea* 32: 63-72.

Grillet P., Thirion J.M., Chollet S., Marchand M.A. & Dauge C. 2007. – *Le Lézard ocellé Lacerta lepida sur l'île d'Oléron, Réalisations d'actions de suivis et de conservation.* Rapport interne, Nature Environnement 17, Office National des Forêts, 33 p.

Grillet P. 2008. - *Biologie des extinctions et changements globaux : apport du Lézard ocellé* Lacerta lepida, *Daudin, 1802.* Diplôme de l'École Pratique des Hautes Études, CEFE-CNRS, Montpellier, 131 p.

Grillet P., Doré, F., Thirion J.M., Cheylan M. & Dauge C. 2008. – *Etude et suivi de la population de Lézard ocellé* Timon lepidus *sur l'île d'Oléron.* Rapport d'études 2008. École Pratique des Hautes Études, Herpetologia, OBIOS, Office National des Forêts, 94 p.

Grillet P. & Cheylan M. 2010. – Le lézard ocellé, In: Vacher J.P. & Geniez M. (coords), *Les reptiles de France, Belgique, Luxembourg et Suisse.* Biotope, Mèze (Collection Parthénope) ; Muséum national d'Histoire naturelle, Paris : 387-393.

Grillet P., Thirion J.M. & Cheylan M. 2010a. - Caractérisation de l'activité alimentaire annuelle du lézard ocellé *Timon lepidus* à partir des fèces sur l'île d'Oléron (littoral atlantique français). *Rev. Ecol. (Terre Vie)* 64: 255-264.

Grillet P., Cheylan M., Thirion J.M., Doré F., Bonnet X., Dauge C., Chollet S. & Marchand M.A. 2010b. - Rabbit burrows or artificial refuges are a critical habitat component for the threatened lizard, *Timon Lepidus* (Sauria, Lacertidae). *Biodiversity and Conservation*, 19: 2039-2051.

Grillet P., Doré F., Bernard V., Cheylan M. & Laborde S. 2012. – *Suivi à long terme de la population de Lézard ocellé* Timon lepidus *sur le terrain militaire de Bussac-Forêt (Charente-Maritime),*

Résultats du suivi réalisé en 2012. Nature Environnement 17, Office National des Forêts, 25 p.

Grillet P., Doré F., Cheylan M., Dauge C. & Laborde S. 2013. – *Suivi de la population de Lézard ocellé sur l'île d'Oléron*. Rapport interne, Nature Environnement 17, École Pratique des Hautes Études, Office National des Forêts, 48 p.

Grivel S. 2000. – *La Grande Plage de l'île d'Oléron. Dynamique, évolution et enjeux d'un système littoral*. Mémoire de Maîtrise Géographie physique et Aménagement. Université Paris VIII.

Grosselet O., Gouret L. & Dusoulier F. (coord.) 2011. – *Les Amphibiens et les Reptiles de la Loire-Atlantique à l'aube du XXIe siècle : identification, distribution, conservation*. Éditions De mare en mare, Saint-Sébastien-sur-Loire, 207 p.

Harris D.J., Arnold E.N. & Thomas R.H. 1998. - Relationships of Lacertid lizards (Reptilia: Lacertidae) estimated from mitochondrial DNA sequences and morphology. *Proceeding of Royal Society London B* 265: 1939-1948.

Hodar J.A., Campos F. & Rosales B.A. 1996. - Trophic ecology of the ocellated lizard *Lacerta lepida* in an arid zone of southern Spain: relationships with availability and daily activity of prey. *Journal of Arid Environment* 33: 95-107.

Huey R.B. 1982. - Temperature, physiology, and the ecology of reptiles, *in* Gans C. & Pough F.H. (eds), *Biology of the Reptilia*. Academic Press, New York, New York, USA : 25-91.

Huey R.B., Peterson C.R., Arnold S.J. & Porter W.P. 1989. – Hot rocks and not-so-hot rocks : retreat-site selection by garter snakes and its thermal consequences. *Ecology* 70: 931-944.

Jahandiez E. 1914. - *Les îles d'Hyères*. 2° édition, Carqueiranne, 447 p.

Javier L. & Escriva B. 1987. - *La guía de incafo de los Amfibios y Reptiles de la Peninsula Ibérica, Islas Baleares y Canarias*. Incafo, Madrid, 694 p.

Jay-Robert P. 2011. – *Identification de la faune coprophage et des pratiques vétérinaires susceptibles de l'affecter. Évaluation des enjeux en termes de conservation de la biodiversité et de fonctionnement durable de l'activité pastorale*. Rapport interne, Centre d'Écologie Fonctionnelle et Évolutive (CNRS), Montpellier, 69 p.

Jones C.G., Lawton J.H. & Shachak M. 1994. - Organisms as ecosystem engineers. *Oikos* 69: 373-386.

Kearney M., Shine R. & Porter W.P. 2009. - The potential for behavioral thermoregulation to buffer 'cold-blooded' animals against climate warming. *PNAS. USA* 106(10): 3835-3840

Lataste F. 1875. - Essai d'une faune herpétologique de la Gironde. *Act. Soc. Linn. Bordeaux* 30: 195-542.

Lataste F. 1930. - Présentation d'un lézard ocellé provenant de L'Herbe (bassin d'Arcachon). *Act. Soc. Linn. Bordeaux* 85: 60-61.

Lauk H.D. 1976. - Tierknochenfunde aus bronzetlichen sied lungen bei Monachil und Purullena. *Studien über frühe Tierknochenfunde von der Iberischen Halbinsel* 6: 1-114.

Lescure J. & de Massary J.-C. (coord.) 2013. – *Atlas des Amphibiens et Reptiles de France*. Éditions Biotope, Collection Inventaires & Biodiversité, Publications scientifiques du Muséum, 272 p.

Lefebvre S., Doré F., Grillet P., Thirion J.-M. & Cheylan M. 2009. - Étude spatiale et temporelle d'une population de Lézard ocellé *Timon lepidus* en limite nord de répartition sur l'île d'Oléron. *Congrès de la Société Herpétologique de France*, 8-10 octobre 2009, Montpellier.

Le Galliard J.F., Marquis O. & Massot M. 2010. - Cohort variation, climate effects and population dynamics in a short-lived lizard. *Journal of Animal Ecology* 79 : 1296-1307.

Legouez C. & Marchand M.A. 2013. – *Plan interrégional d'actions de Provence-Alpes-Côte-d'Azur et du Languedoc-Roussillon en faveur du lézard ocellé* Timon lepidus (Daudin, 1802). Rapport CEN-PACA, 129 p.

Lesson M. 1841. - Catalogue d'une faune du département de la Charente-Inférieure. *Act. Soc. Linn. Bordeaux* 12: 66.

Lumaret J.P., Errouissi F., Floate K., Römbke J. & Wardhaugh K. 2012. - A Review on the Toxicity and Non-Target Effects of Macrocyclic Lactones in Terrestrial and Aquatic Environments. *Current Pharmaceutical Biotechnology* 13: 1004-1060

Malo J.E., Jiménez B. & Suarez F. 1995. - Seed bank build -up in small disturbances in a Mediterranean pasture: the contribution of endozoochorous dispersal by rabbits. *Ecography* 18: 73-82.

Malo J.E., Jiménez B. & Suarez F. 2000. - Herbivore dunging and endozoochorous seed deposition in a Mediterranean dehesa. *Jurnal of Range Management* 53: 322-328.

Marambat L. 1995. - Paysages de la façade atlantique girondine et de la Saintonge au post-glaciaire. L'empreinte de l'Homme. *Cahiers du quaternaire*, CNRS.

Marchandeau S. 2010. - Enquête nationale sur les tableaux de chasse à tir saison 1998-1999. Le lapin de garenne. *Faune Sauvage* 251: 18-25.

Markwell T.J. & Daugherty C.H. 2002. – Invertebrate and lizard abundance is greater on seabird inhabited islands than seabird-free islands in the Marlborough Sounds, New Zealand. *Ecoscience* 9(3): 293-299.

Marquez-Ferrando R., Pleguezuelos J.M., Santos X., Ontiveros D. & Fernandez-Cardenete J.R. 2009. - Recovering the Reptile community after the Mine-Tailing Accident of Aznalcollar (Southwestern Spain). *Restoration Ecology* 5(17): 660-667.

Martín J. & López P. 1996. - Avian predation on a large lizard (*Lacerta lepida*) found at low population densities in Mediterranean habitats: An análisis of bird diets. *Copeia* 1996 (3): 722-726.

Marty P. 1900. - Le Lézard ocellé (*Lacerta ocellata*) dans le Cantal. *La Feuille des Jeunes Naturalistes* 361: 27-28.

Mateo J.A. 1988. - *Estudio Systemático y zoogeográfico de los Lagartos ocelados*, Lacerta lepida, Daudin, *1802*, y Lacerta pater (Lataste, 1880), (Sauria : Lacertidae). Tesis Doctoral;. Universidad de Sevilla, Facultado de biologia, Sévilla, 485 pp.

Mateo J.A. 1993. - *La population de Lézards ocellés (*Lacerta lepida*, Daudin, 1802) en Crau sèche; Dynamique et conservation*. École Pratique des Hautes Études - Université de Montpellier-II, Montpellier.

Mateo J.A. 1997. - *Lacerta lepida* Daudin, 1802,. In: Pleguezuelos J.M. (Ed.). *Distribución y biogeografia de los anfibios y reptiles en España y Portugal*. Monografías Tierras del Sur, Universidad de Granada, Granada : 222-224

Mateo J.A. 2002. -. *Lacerta lepida* Daudin, 1802. Lagarto ocelado, In: Pleguezuelos J.M., Márquez R. & Lizana M. (Eds.). *Atlas y Libro Rojo de los Anfibios y Reptiles de España*. Dirección General de Conservación de la Naturaleza-Asociación Herpetológica Española (2ª Impresión). Madrid : 225-227.

Mateo J.A. 2011. - Lagarto ocelado - *Timon lepidus*. In: Salvador A. & Marco A. (eds), *Enciclopedia Virtual de los Vertebrados Españoles*. Museo Nacional de Ciencias Naturales, Madrid. http://www.vertebradosibericos.org.

Mateo J.A. & Castroviejo J. 1990. – Variation morphologique et révision taxonomique de l'espèce *Lacerta lepida* Daudin, 1802 (Sauria, Lacertidae). *Bull. Mus. Nat. Hist. Nat. Paris* 4, série 12, section A, 3-4: 691-706.

Mateo J.A. & López-Jurado L.F. 1994. - Variaciones en el color de los lagartos ocelados; aproximación a la distribución de *Lacerta lepida nevadensis* Buchholz 1963. *Revista Española de Herpetológia* 8: 29–35.

Mateo J.A., López-Jurado L.F. & Guillaume C.P. 1996. - Variabilité électrophorétique et morphologique des lézards ocellés (Lacertidae) : un complexe d'espèces de part et d'autre du détroit de Gibraltar. *Comptes rendus de l'Académie des Sciences*, Série 3, Sciences de la vie, 319 (8): 737-746.

Mateo J.A. & Cheylan M. 1997. – *Lacerta lepida* Daudin, 1802, In : Gasc J.P., Cabela A., Crnobrnja-Isailovic J., Dolmen D., Grossenbacher K., Haffner P., Lescure J., Martens H., Martinez-Rica J.P., Maurin H., Oliveira M.E., Sofianidou T.S., Veith M. & Zuiderjwick A. (eds), *Atlas of Amphibians and Reptiles in Europe*. Societas Europea Herpetologica et Museum

National d'Histoire Naturelle (IEGB/SPN), Paris : 246-247.

Mateo J.A., López-Jurado L.F., Cano J. & Guillaume C.P. 1999. – Intraspecific variability in nuclear organiser position in *Lacerta (Timon) lepida. Amphibia-Reptilia,* 20 : 73-77.

Matz G. & Weber D. 1983. - *Guide des amphibiens et reptiles d'Europe.* Delachaux et Niestlé, Paris, 292 p.

Millidine K.J., Armstrong J.D. & Metcalfe N.B. 2006. - Presence of shelter reduces maintenance metabolism of juvenile salmon. *Funct. Ecol.* 20: 839–845.

Milne T. 1999. – *Conservation and ecology of the endangered pygmy blue tongue lizard* Tiliqua adelaidensis. Thèse d'Université, Flinders University of South Australia.

Milne T. & Bull C.M. 2000. – Burrow choice by individuals of different sizes in the endangered pygmy blue tongue lizard *Tiliqua adelaidensis. Biological Conservation* 95: 295-301.

Miraldo A., Faria C., Hewitt G.M., Paulo O. & Emerson B. 2012. - Genetic analysis of a contact zone between two lineages of the ocellated lizard (*Lacerta lepida* Daudin, 1802) in south-eastern Iberia reveal a steep and narrow hybrid zone. *J. Zool. Syst. Evol. Res.* 51: 45-54.

Miraldo A., Hewitt G. M., Paulo O. & Emerson B. 2011. - Phylogeography and demographic history of *Lacerta lepida* in the Iberian Peninsula: multiple refugia, range expansions and secondary contact zones. *BMC Evolutionary Biology* 11: 170-170.

Moreno S., Beltrán J. F., Cotilla I., Kuffner B., Laffite R., Jordan G., Ayala J., Quintero C., Jiménez A., Castro F., Cabezas S. & Villafuerte, R. 2007. - Long-term decline of the European wild rabbit (*Oryctolagus cuniculus*) in south-western Spain. *Wildlife Research* 34(8): 652-658.

Moreno-Rueda G., Pleguezuelos J.M. & Alaminos E. 2009. - Climate warming and activity period extension in the Mediterranean snake *Malpolon monspessulanus. Climate Change* 92: 235-242.

Mourgue M. 1930. - Présence de reptiles non signalés dans les îles de Pomègue et Ratonneau. *Bull. Soc. Linn. Lyon.* 9,11: 75-76.

Munoz I.J., San Miguel Ayanz A. & Martinez Jauregui M. 2004. - Notas sobre la problematica actual del conejo de monte (*Oryctolagus cuniculus* L. 1758). 1-5. www.cbd.habitat.com

Narce M. 2013. - Le diagnostic d'habitat du lapin de garenne : un outil d'aide à la décision à l'attention des gestionnaires. *Forêt méditerranéenne* 34(2): 107-113.

Newman D.G. 1987. - Burrow use and population densities of tuatara (*Sphenodon punctatus*) on Stephens Island, New Zealand. *Herpetologica* 43: 336-344.

Nunes V. L., Miraldo A., Beaumont M.A., Butlin R.K. & Paulo O.S. 2011. - Association of *Mc1r* variants with ecologically relevant phenotypes in the European ocellated lizard, *Lacerta lepida. Journal of Evolutionary Biology* 24(10): 2289–2298.

Odierna, G., Olmo, E., Capriglione, T., Caputo, V. 1990. - Karyological differences between *Lacerta lepida* and *Lacerta pater. J. Herpetol.* 24: 97-99.

Olesen J.M. & Valido A. 2003. – Lizards as pollinators and seed dispersers : an island phenomenon. *TREE* 18: 177-181.

Pagès J.M. 1979. - *Biogéographie et écologie des amphibiens et reptiles du S.O. de la montagne Noire.* DEA, Université de Montpellier, 46 p.

Paine R.T. 1969. - A note on trophic complexity and community stability. *Americain Naturalist* 103: 91-93.

Palomares F. & Delibes M. 1991. - La alimentación del meloncillo *Herpestes ichneumon* y de la gineta *Genetta genetta* en la Reserva Biológica de Doñana, SO de la Península Ibérica. *Doñana Acta Vertebrata* 18: 5-20.

Paquereau M.M. 1964. - Flores et climats post-glaciaires en Gironde. *Actes Soc. Linn. Bordeaux.* 101, 156 p.

Paulo O.S. 1988. - *Estudo eco-etológico da população de* Lacerta lepida *(Daudin, 1802) da ilha de Berlenga.* Relatorio de estagio de licencatura en biologia. FCUL, Lisboa, 314 p.

Paulo O.S. 2001. - *The phylogeography of Reptiles of the Iberian Peninsula.* Phd, University of London, Queen Mary and Westfield College, 181 p.

Paulo O.S. 2008. - Lacerta lepida, In: Loureiro A., Ferrand de Almeida N., Carretero M.A. & Paulo O.S. (eds.), *Atlas dos Anfíbios e Répteis de Portugal.* Instituto da Conservação da Natureza e da Biodiversidada, Lisboa : 144-145.

Paulo O.S., Pinheiro J., Miraldo A., Bruford M.W., Jordan W.C. & Nichols R.A. 2008. – The role of vicariance vs. dispersal in shaping genetic patterns in ocellated lizard species in the western Mediterranean . *Molecular Ecology* 17(6): 1535-1551.

Pérez-Mellado V. & Corti C. 1993. – Dietary adaptations and herbivory in lacertids lizards of the genous *Podarcis* from western Mediterranean islands (Reptilia : Sauria). *Bonn. Zool. Beitr.* 44: 193-220.

Pérez-Mellado V. 1998. - *Lacerta lepida* Daudin 1802, In: Salvador A. (coord), *Reptiles, Fauna Ibérica*, vol. 10. Ramos M.A. *et al.* (eds.) Museo Nacional de Ciencias Naturales. CSIC. Madrid : 198-207.

Pleguezuelos J.M., Honrubia S. & Mateo J.A. 1999. - *Lacerta lepida* (Ocellated Lizard) Necrophagia and oophagia. *Herpetological Review* 30(1): 42.

Pleguezuelos J.M. & Feriche M. 2003. - *Anfibios y Reptiles.* Guías de la Naturaleza, Granada.

Pottier G. 2001. - *Répartition et habitat du Lézard ocellé* Lacerta lepida *Daudin, 1802 sur les Causses du Lot.* Document interne, Nature Midi-Pyrénées, DIREN Midi-Pyrénées, Conseil Régional Midi Pyrénées et Conseil Général du Lot. Toulouse. 144 p.

Pottier G. 2005. - Découverte du Lézard ocellé *Lacerta lepida* Daudin, 1802 (Reptilia, Lacertidae) et confirmation de l'existence du Seps strié *Chalcides striatus* (Cuvier, 1829) (Reptilia, Scincidae) dans les Petites Pyrénées (départements de l'Ariège et de la Haute Garonne, France. *Bull. Soc. Herp. Fr.* 113-114: 29-43.

Pottier G. et collaborateurs 2008. - *Atlas de répartition des reptiles et amphibiens de Midi-Pyrénées.* Collection Atlas naturalistes de Midi-Pyrénées. Ed. Nature Midi-Pyrénées, 126 p.

PNE & CRAVE 1995. - *Faune sauvage des Alpes du Haut-Dauphiné. Atlas des Vertébrés - tome 1 : poissons, amphibiens, reptiles, mammifères.* Parc national des Écrins (PNE)/Centre de recherches alpin sur les vertébrés (CRAVE), Gap, 303 p.

Raynaud A. & Raynaud J.L. 1995. - *Les Reptiles du département du Tarn. Systématique et biologie,* 76 p.

Read J.L., Carter J., Moseby K.M. & Greenville A. 2008. - Ecological roles of rabbit, bettong and bilby warrens in arid Australia. *Journal of Arid Environments* 72: 2124–2130.

Riva I. de la & Mateo J.A. 1992. - Inventario de la colección herpetológica, In: *Inventario de las colecciones Herpetológica y Ornitológica de la Estación Biológica de Doñana.* Estación Biológica de Doñana-CSIC, Sevilla, pp 9-17.

Rivera X., Escoriza D., Maluquer-Margalef J., Arribas O. & Carranza S. 2011. – *Amfibis i rèptils de Catalunya, País Valencià i Balears.* Lynx Edicions & Societat Catalana d'Herpetologia, Barcelona, 276 p.

Rivière V. 2013. - *Inventaire herpétologique de l'île Saint-Honorat (archipel de Lérins, Cannes, Alpes-Maritimes).* Note naturaliste, Initiative PIM, 12 p.

Román J., Ruiz Jiménez G. & Delibes M. 1999. - *Estatus, distribución y problemas de conservación de los mamíferos carnívoros y otros vertebrados terrestres en los sectores norte y oeste del Parque Natural de Doñana.* Rapport non publié.

Ruiz-Bustos A. 1978. Edad y estudio faunístico del yacimiento kárstico de las Yedras (sierra de Alfaguara, Granada). *Estudios Geológicos* 34: 323-330.

Sabo J.L. 2003. – Hot rocks or no hot rocks : overnight retreat availability and selection by a diurnal lizard. *Oecologia* 136: 329-335.

Salvador A. 1974. - *Guía de los anfibios y reptiles españoles.* ICONA, Madrid.

Salvador A., Veiga J.P.

& Esteban M. 2004. - Preliminary data on reproductive ecology of *Lacerta lepida* at a mountain site in Central Spain. *Herpetological Journal* 14: 47-49.

Salvidio S., Lamagni L., Bombi P. & Bologna M.A. 2004. – Distribution, ecology and conservation status of the ocellated lizard (*Timon lepidus*) in Italy (Reptilia, Lacertidae). *Bollettino di Zoologia* 71: 125-134.

Salvidio S., Bologna M. & Cheylan, M. 2011. – *Timon lepidus* Tschudi, 1836, In: Corti C., Capula M., Luiselli L., Razzetti E. & Sindaco R. (eds.), *Fauna d'Italia*, Vol. XIV, Reptilia. Edizioni Calderini de Il Sole 24 Ore, Milano, Italy : 440-449.

Sánchez-Piñero F. & Avila J.M. 1991. - Análisis comparativo de los Scarabaeoidea (Coleoptera) coprófagos de las deyecciones de conejo (*Oryctolagus cuniculus* (L.)) y de otros mamíferos. Estudio preliminar. *Eos* 67: 23-34.

Santos X. & Cheylan M. 2013. - Taxonomic and functional response of a Mediterranean reptile community to a repeated fire regime. *Biological Conservation* 168: 90-98.

Sanz J.L. & Sanchiz F.B. 1980. - Nota preliminar sobre los Squamata (Reptilia) del Pleistoceno Medio de Aridos-I (Arganda, Madrid), In : Santonja M. (ed), *Ocupaciones Achelenses en el Valle del Jarama*. Excelentísima Diputación Provincial de Madrid, Madrid : 127-138

Schwarzkopf L. & Alford R.A. 1996. - Desiccation and shelter-site use in a tropical amphibian: comparing toads with physical models. *Func. Ecol.* 10: 193-200.

Schmitt G., Bayle P. & Bouvier M. 1988. - Redécouverte du Lézard ocellé *Lacerta lepida* dans les Hautes-Alpes dans une aire de Hibou grand-duc *Bubo bubo*. *Faune de Provence* (CEEP), 9: 86-87.

S C V 2002. - *Mortalidad de Vertebrados en Carreteras*. Documento Técnico de Conservación, 4.

Sindaco R., Doria G., Razzetti E. & Bernini F. (eds) 2006. – *Atlante dgli Anfibi e dei Rettili d'Italia/Atlas of Italian amphibians and reptiles*. Societas Herpetologica Italica, Edizioni Polistampa, Firenze, 773 p.

Sindaco R. & Jeremenko V.K. 2008. - *The Reptiles of the Western Palearctic. 1. Annotated Checklist and Distributional atlas of the turtles, crocodiles, amphisbaenians and lizards of Europe, North Africa, Middle East and Central Asia*. Edizioni Belvedere, Latina (Italy).

Sinervo B., Mendez-de-la-Cruz F., Miles D.B., Heulin B., Bastiaans E., Villagra-Santa Cruz M., Lara-Resendiz R., Martinez-Mendez N., Calderon-Espinosa M.L., Meza-Lazaro R.N., Gadsden H., Avila L.J., Morando M., De la Riva I.J., Sepulveda P.V., Duarte Rocha C.F., Ibarguengoytia N., Aguilar Puntriano C., Massot M., Lepetz V., Oksanen T.A., Chapple D.G., Bauer A.M., Branch W.R., Clobert J. & Sites Jr J.W. 2010. - Erosion of lizard diversity by climate change and altered thermal niches. *Science* 5980(328): 894-899.

Smith A.T. & Boyer A.F. 2008. - *Oryctolagus cuniculus*, In: IUCN 2013. IUCN Red List of Threatened Species. Version 2014.3. www.iucnredlist.org. Téléchargé le 6 février 2015.

Souter N.J., Bull C.M. & Hutchinson M.N. 2004. – Adding burrows to enhance a population of the endangered pygmy blue tongue lizard *Tiliqua adelaidensis. Biological Conservation* 116: 403-408.

Souter N.J., Bull C.M., Lethbridge M.R. & Hutchinson M.N. 2007. – Habitat requirements of the endangered pygmy bluetongue lizard, *Tiliqua adelaidensis. Biological Conservation* 135: 33-45.

Tatin L., Chapelin-Viscardi J-D., Renet J., Becker E. & Ponel P. 2012. - Patron et variations du régime alimentaire du Lézard ocellé *Timon Lepidus* en milieu steppique méditerranéen semi-aride (plaine de Crau, France). *Rev. Ecol. (Terre et Vie)* 67: 47-58.

Thirion J.M. & Grillet P. 2002. - Le Lapin de garenne, une espèce clé dans nos écosystèmes. *Le Courrier de la Nature* 202: 21-23.

Thirion J.M., Grillet P. & Geniez P. 2002. - *Les Amphibiens et les Reptiles du centre-ouest de la France. Région Poitou-Charentes et départements limitrophes*. Parthénope collection, Mèze, 144 p.

Thirion J.M., Doré F., Adamczyk A., Grillet P. & Cheylan M. 2008. - Etude spatiale et temporelle d'une population de Lézard ocellé *Timon lepidus* en limite nord de répartition. *Congrès de la Société Herpétologique de France*, 2-4 octobre 2008, La Rochelle.

Thirion J.M., Grillet P. & Cheylan M. 2009. - Composition et variation saisonnière du régime alimentaire du Lézard ocellé *Timon lepidus* sur l'île d'Oléron (France) à partir des fèces. *Rev. Ecol. (Terre Vie)* 64: 239-249.

Thirion J.M. & Doré F. 2012. - *Plan national d'actions Lézard ocellé* Timon lepidus. OBIOS, Ministère de l'écologie, du développement durable et de l'énergie. 112 p.

Thomas J.P. 1994. - Atlas préliminaire des Amphibiens et Reptiles de l'Ardèche. Bull. Liaison et Information CORA Ardèche 1: 7-38.

Thomas P. 2000. – *L'île d'Oléron à travers les siècles*. (Première édition, 1926). L.O.C.A.L. Saint Pierre d'Oleron, 194 p.

Thomas J.P., Faugier C., Issartel G. & Jacob L. 2003. - *Reptiles et Amphibiens d'Ardèche*. Parc naturel régional des monts d'Ardèche, Centre Ornithologique Rhône-Alpes. 138 p.

Traversier J. 2010. – lézard ocellé, In : *Atlas préliminaire des reptiles et amphibiens de la Drôme*. Groupe Herpétologique Drômois, LPO Drôme : 68-69.

Trémeau de Rochebrune A. 1842. - Catalogue d'une partie des animaux vivants du département de la Charente. *Act. Soc. Linn. Bordeaux* 62: 211 – 252.

Tschudi J.J. 1839. - Ube rein neues subgenus von *Lacerta Civ. Isis (Okem)* 29: 556-561.

UICN France, MNHN et SHF 2009a. - *La Liste rouge des espèces menacées en France* - Chapitre Reptiles et Amphibiens de France métropolitaine. Paris, France, 8 p.

UICN France, MNHN, SFEPM & ONCFS 2009b. - La Liste rouge des espèces menacées en France - Chapitre Mammifères de France métropolitaine. Paris, France, 12 p.

Valverde J.A. 1967. - *Estructura de una Communidad Mediterranea de Vertebrados Terrestres*. Monografías de la Estación Biológica de Doñana, C.S.I.C., Madrid, 219 p.

Van Damme R. 1999. – Evolution oh herbivory in lacertids lizards : Effects of insularity and body size. *J. Herpetol.*, 33 : 663-374.

Vicente L.A. 1989. – Novos dados sobre o comportamento de *Lacerta lepida* (Daudin, 1802) (Sauria, Lacertidae). Uma população insular-Ihla Berlenga (Portugal). *Treballs de la Societat Catalana d'Ictiologia i Herpetologia*, 2 : 232-249.

Vicente L.A., Araújo P.R. & Barbault R. 1995. - Trophic ecology of *Podarcis bocagei berlengensis* and *Lacerta lepida* (Sauria, Lacertidae) on Berlenga Island (Portugal). *Rev. Ecol. (Terre Vie)* 50(4): 317-351.

Villafuerte R. & Delibes-Mateos, M. 2007. - *Oryctolagus cuniculus* (Linnaeus, 1758), In: Palomo L.J., Gisbert J. & Blanco J.C. (eds), *Atlas y Libro Rojo de los Mamíferos Terrestres de España*. Dirección General para la Biodiversidad - SECEM - SECEMU, Madrid : 490-491.

Virgós E., Cabezas-Díaz S. & Lozano J. 2007. - Is the wild rabbit (*Oryctolagus cuniculus*) a threatened species in Spain? Sociological constraints in the conservation of species. *Biodiversity and Conservation* 16: 3489-3504.

Visset L. 1979. - Recherches palynologiques sur la végétation pléistocène et holocène de quelques sites du district phytogéographique de Basse-Loire. *Bull. Soc. Sc. Nat. Ouest Fr.* suppl. hors-série. 282 p.

Ward D. 2005. - Reversing Rabbit Decline: One of the Biggest Challenges for nature conservation in Spain and Portugal. SOS Lynx http://www.iucn.org/en/news/archive/2005/12/report.pdf

Webb J.K. & Shine R. 2000. – Paving the way for habitat restoration : can artificial rocks restore degraded habitat of endangered reptiles ? *Biological Conservation* 12: 654-664.

DANS LA MÊME SÉRIE :

- **L'Ours brun**
- **L'Aigle royal**
- **La Chouette chevêche**
- **Le Chamois**

www.biotope.fr

Acteur majeur de l'ingénierie écologique et de la conservation de la nature, BIOTOPE a été créée en 1993 par une équipe de **naturalistes passionnés**.

L'entreprise rassemble différentes activités complémentaires, toutes au service de la **protection de la biodiversité**, de l'**aménagement durable** et de la **diffusion des connaissances naturalistes** :
- bureau d'études ;
- service recherche et développement ;
- agence de communication ;
- agence photographique ;
- maison d'édition.

Les éditions Biotope publient de nombreux guides naturalistes de référence, dont certains coédités avec le Muséum national d'Histoire naturelle (Paris).

Tout comme le présent ouvrage, ces livres mettent à la disposition des lecteurs et des naturalistes des connaissances approfondies, à la portée de tous, sur les espèces traitées : biologie, biogéographie, écologie, relations avec l'homme, descriptions complètes, etc.

Biotope éditions
22 boulevard Maréchal Foch, BP 58,
34140 Mèze - FRANCE

Contact : edition@biotope.fr
Tél. : 00 33 (0)4 67 18 65 39
Fax : 00 33 (0)4 67 18 46 29

www.biotope-editions.com

Première et quatrième de couverture :
Photos © Joseph Celse

Référence bibliographique à utiliser :

Doré F., Cheylan M. & Grillet P. 2015. – *Le lézard ocellé, un géant sur le continent européen*. Biotope, Mèze, 192 p.

Certifié PEFC
Ce produit est issu de forêts gérées durablement et de sources contrôlées.
PEFC 10-31-1244
pefc-france.org

Conception et réalisation : **BIOTOPE**

Suivi éditorial : **Michel Geniez**
Recherche de financement : **Laetitia Cuypers**
Relectures :
Julien Marmayou, Michel Geniez, Jean-Yves Kernel
Création, mise en page : **Michel Geniez, Nicolas Sourgens**
Traitement des images : **Alizari pictures & design**

Impression : Pure Impression - France
Dépôt légal : mai 2015